HEINRICH HEMME

101 MATHEMATISCHE RÄTSEL

aus vier Jahrtausenden
und fünf Kontinenten

C.H.BECK

Mit zahlreichen Abbildungen im Text

Originalausgabe

Satz: Fotosatz Amann, Aichstetten
Druck u. Bindung: Druckerei C.H.Beck, Nördlingen
Umschlaggestaltung: Geviert – Büro für Kommunikationsdesign, München, Christian Otto
Umschlagabbildung: © Spectrum 7/shutterstock
Printed in Germany
ISBN 978 3 406 63704 9

www.beck.de

Inhalt

Vorwort 7

101 mathematische Rätsel 9

Lösungen 81

Quellen 139

Vorwort

Der mathematische Denksport ist so alt wie die Mathematik selbst. Vor über viertausend Jahren wurde aus rein praktischen Gründen in Ägypten und in Mesopotamien die Mathematik entwickelt. Löhne, Steuern, Getreidemengen, Reisedauern und Grundstücksgrößen mussten schnell und zuverlässig berechnet werden können. Dabei merkten die Menschen, wie viel Vergnügen es bereiten kann, knifflige Probleme zu lösen, und schon bald wurden mathematische Knobeleien erfunden, die keinen anderen Zweck hatten, als der geistig anspruchsvollen Unterhaltung zu dienen. Die Aufgaben wurden von den Alten an die Jungen weitergegeben, und jede Generation erfand weitere Rätsel. Die Kreativität von vier Jahrtausenden hat schließlich eine schier unvorstellbar große Anzahl von mathematischen Knobeleien hervorgebracht, die kein Mensch mehr überblicken kann.

In diesem Buch möchte ich einen kleinen Streifzug durch vier Jahrtausende mathematischen Denksports unternehmen. Es enthält 101 Rätsel aus allen fünf Kontinenten, von denen die ältesten aus dem zweiten vorchristlichen und die jüngsten aus dem dritten nachchristlichen Jahrtausend stammen.

Gute Knobeleien sind kleine Kunstwerke. Leider verschweigen fast alle Rätselbücher, die im Laufe der Geschichte geschrieben wurden, die Namen der Künstler, die die Rätsel entworfen haben. Ich habe in diesem Buch versucht, es anders zu machen, und bei jeder Aufgabe, soweit dies überhaupt möglich war, etwas über das Leben und das Werk des Rätselautors berichtet.

Die meisten Aufgaben sind nicht buchstabengetreu aus dem Original übernommen oder wörtlich übersetzt worden, sondern freie Übertragungen in ein modernes Deutsch. Die Lösungen der sehr alten Aufgaben sind in den Originalquellen oft knapp, fehlerhaft und unvollständig oder benutzen überholte und umständliche Rechenverfahren. Darum habe ich alle alten Originallösungen durch moderne und hoffentlich auch richtige und vollständige Lösungen ersetzt.

Die Aufgaben sind, bevor ich sie zu diesem Buch zusammengefasst habe, schon in der Kolumne «Kopfnuss» erschienen, die ich seit Oktober 2004 wöchentlich für das *Magazin*, die Wochenendbeilage aller Zeitungen des Aachener Zeitungsverlags, schreibe.

Ich möchte mich bedanken bei Klaus Bullerschen, der alle Aufgaben, bevor sie gedruckt wurden, kritisch durchgesehen und korrigiert hat, und bei den Redakteuren des *Magazins*, Andreas Herkens, Peter Sellung, Jürgen Seyffert, Saskia Zimmer und Andrea Zuleger, die meine Kolumne betreut haben.

Heinrich Hemme
Roetgen, Juni 2012

MATHEMATISCHE RÄTSEL

1. π im alten Ägypten

Eines der ältesten, vollständig erhaltenen Mathematikbücher der Welt ist der Papyrus Rhind.[1] Er ist 5,5 m lang und 32 cm breit und erhielt seinen Namen nach dem schottischen Juristen und Antiquar Alexander Henry Rhind, der ihn 1858 in der ägyptischen Stadt Luxor kaufte. Er wurde um 1650 v. Chr. von dem Schreiber Ah-Mose von einem etwa 200 Jahre älteren Papyrus abgeschrieben und enthält 87 mathematische Textaufgaben.

In der Aufgabe 48 beschreibt Ah-Mose, wie er die Fläche eines Kreises berechnet. Hier ist der Originaltext mit dem Originalbild:

Ah-Mose zeichnet den Inkreis in ein Quadrat, das er in $9 \times 9 = 81$ kleine, gleich große Quadrate unterteilt, und bildet so ein unregelmäßiges Achteck, dessen Seitenlängen immer abwechselnd drei Unterquadratseiten und drei Unterquadratdiagonalen entsprechen. Ah-Mose nimmt nun fälschlicherweise an, dass das Achteck und der Kreis den gleichen Flächeninhalt haben.

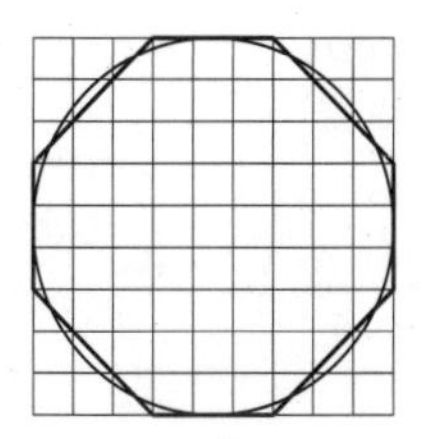

In der modernen Mathematik berechnet man die Kreisfläche mit der Formel $A = \pi r^2$. Angenommen, Ah-Moses Methode wäre richtig, welchen Wert hätte dann π?

2. Katzen und Mäuse

Der Papyrus Rhind ist auch die älteste bekannte Quelle des berühmten Katzen-und-Mäuse-Problems.

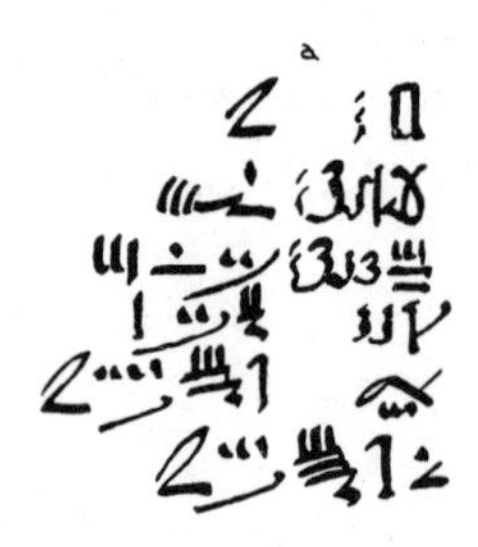

Üblicherweise und recht frei wird dieser Text so übersetzt:

In sieben Häusern leben je sieben Katzen, jede Katze frisst sieben Mäuse, jede Maus frisst sieben Ähren Gerste, und aus jeder Ähre können sieben Scheffel Körner entstehen. Wie viele Scheffel Getreide sind das insgesamt, die den Katzen zu verdanken sind?

Eine hübsche Variante dieses uralten Rätsels ist ein englisches Kindergedicht aus dem 19. Jahrhundert:

As I was going to Saint Ives,
I met a man with seven wives.
Every wife had seven sacks,
Every sack had seven cats,
Every cat had seven kits.
Kits, cats, sacks, wives;
How many were going to Saint Ives?

Ins Deutsche übertragen lautet es:

Als ich nach Saint Ives ging,
kam mir ein Mann mit sieben Frauen entgegen.
Jede Frau trug sieben Säcke,
und in jedem Sack waren sieben Katzen,
und jede Katze hatte sieben Kätzchen.
Wie viele Kätzchen, Katzen, Säcke und Frauen
gingen nach Saint Ives?

3. Zehn Brüder

Die Ruinen der Stadt Uruk stehen im südlichen Irak etwa 20 Kilometer östlich des Euphrats. Im Altertum lag die Stadt direkt am Fluss, der heute sein Bett verlagert hat. Uruk ist eine der bedeutendsten Ausgrabungsstätten im Zweistromland und der Fundort der ersten Schrift der Menschheit. Die Stadt ist namengebend für die Uruk-Zeit, die von etwa 3500 bis 2800 v. Chr. dauerte. Bereits im ausgehenden 4. vorchristlichen Jahrtausend war Uruk eines der führenden Zentren der sumerischen Frühzeit. Eine zweite große Blütephase erlebte Uruk in der hellenistischen Zeit der letzten vorchristlichen Jahrhunderte.

Die Mathematik und auch die Unterhaltungsmathematik waren in Uruk schon hoch entwickelt. Aus der altbabylonischen Zeit (1894 bis 1595 v. Chr.) stammt ein Keilschrifttäfelchen mit folgender Aufgabe.[2]

Zehn Brüder besaßen zusammen 1⅔ Minen Silber. Da erhob sich Bruder über Bruder. Was er sich erhoben hat, weiß ich nicht. Der Anteil des achten Bruders betrug 6 Schekel. Bruder über Bruder, um wie viel hat er sich erhoben?

Gemeint ist, dass jeder Bruder einen festen Betrag weniger erhält als der vorherige. Eine Mine entspricht 60 Schekel.

4. Die Zuflüsse

Neun Bücher arithmetischer Technik ist der Titel eines alten chinesischen Rechenbuchs, das über zwei Jahrtausende lang immer wieder neu aufgelegt wurde. Es soll von Chang Tsang um 150 v. Chr. nach älteren Vorlagen verfasst und von Keng Shu Chang um 60 v. Chr. erweitert worden sein. Im Jahre 656 wurde es sogar zum offiziellen Lehrbuch für Beamte und Ingenieure erklärt. In diesem Buch erschien zum ersten Mal das Zuflussproblem, das sich später auch in der arabischen Welt und im Abendland verbreitete.[3]

In einen Teich führen fünf Kanäle. Öffnet man nur den ersten Kanal, ist der Teich nach einem drittel Tag gefüllt. Öffnet man jedoch nur den zweiten Kanal, ist er nach einem Tag gefüllt. Der dritte Kanal allein kann den Teich in zweieinhalb, der vierte in drei und der fünfte in fünf Tagen füllen. Wie lange dauert es, bis der Teich gefüllt ist, wenn alle fünf Kanäle gleichzeitig geöffnet werden?

5. Der verdünnte Wein

Im Jahre 1881 wurde in der Nähe des Dorfes Bakhshali im Nordwesten Pakistans ein siebzigseitiges, unvollständiges, auf Birkenrinde geschriebenes Mathematikbuch gefunden, das nach seinem Fundort als Bakhshali-Manuskript bezeichnet wird. Der Text wurde in der Gatha-Sprache verfasst, einer Kombination aus Sanskrit und Pakrit, und von einem verschollenen Manuskript abgeschrieben, dessen Alter unbekannt ist. Wahrscheinlich stammt es aus der Zeit vom zweiten vorchristlichen bis zum zweiten nachchristlichen Jahrhundert. Das Manuskript ist ein Handbuch, in dem mathematische Gesetze und dazugehörige Beispiele beschrieben werden. Es befasst sich in erster Linie mit Arithmetik und Algebra und nur am Rande mit Geometrie und Metrologie. Eine der Aufgaben dieses Manuskripts handelt von Weinpanscherei.[4]

Ein Mann besitzt eine Flasche, die vier Prasthas Wein enthält.

Eines Tages gießt er eine Prastha Wein aus der Flasche in einen Becher und trinkt ihn. Dann füllt er die Flasche wieder mit Wasser auf. Am nächsten Tag entnimmt er der Flasche erneut eine Prastha, trinkt sie und füllt die Flasche wieder mit Wasser auf. Dies wiederholt er auch am dritten und am vierten Tag. Wie viele Prastha Wein sind danach noch in der Flasche?

Die Prastha ist ein indisches Hohlmaß und entspricht etwa einem halben Liter.

6. Die Zwillingserbschaft

Römischen Juristen war es schon vor zwei Jahrtausenden wichtig, gesetzlich zu regeln, wie ein Erbe zu verteilen ist. Publius Salvius Iulianus war ein römischer Politiker und einer der bedeutendsten Juristen des Römischen Reiches. Er wurde um das Jahr 108 in Hadrumetum in Nordafrika geboren. Iulianus war Quästor und Volkstribun unter Kaiser Hadrian, wurde um 138 Prätor und war von 141 bis 147 Ärarpräfekt. Im Jahr 148 war Iulianus ordentlicher Konsul. Um 151 wurde er Legat von *Germania inferior*, danach Legat von *Hispania citerior* und schließlich im Amtsjahr 167/168 Prokonsul von *Africa*. In einem seiner Bücher löst er ein Erbproblem,[5] das der römische Jurist Publius Iuventius Celsus in seiner Schrift *De institutione uxoris et postumi et postumae* einige Jahre zuvor gestellt hatte.

Ein Mann, dessen Frau schwanger ist, wird schwer krank und schreibt sein Testament. «Wird mir ein Sohn geboren, soll er zwei Drittel meines Vermögens erben und meine Frau das dritte Drittel. Wird mir aber eine Tochter geboren, erbt diese ein Drittel und meine Frau zwei Drittel meines Vermögens.» Der Mann stirbt, und einige Monate später bringt seine Witwe Zwillinge zur Welt: einen Jungen und ein Mädchen. Wie ist das Vermögen des Mannes nun unter den drei Erben aufzuteilen?

7. Die Teller der Gäste

Der Mathematiker Sun Zi lebte etwa von 400 bis 460 in China. Über sein Leben weiß man heute nichts mehr. Das Einzige, das seiner Nachwelt geblieben ist, ist das von ihm verfasste mathematische Handbuch, das man unter dem Titel *Sun Zi Suanjing* kennt. Etliche Aufgaben aus diesem Buch gehören zur Unterhaltungsmathematik, so wie auch das folgende Problem.[6]

Eine Frau, die am Ufer eines Flusses hockt und Geschirr wäscht, wird von dem Beamten, dem die Überwachung des Wassers unterliegt, gefragt: «Warum wäscht du so viele Teller ab?» «Mein Herr hat ein Fest gefeiert», antwortet sie. Darauf will der Beamte wissen, wie viele Gäste es gab. «Ich weiß es nicht», antwortet die Frau. «Aber ich erinnere mich, dass sich immer zwei Gäste einen Reisteller teilten, immer drei Gäste einen Suppenteller und immer vier einen Fleischteller. Insgesamt muss ich 65 Teller abwaschen.» Wie viele Gäste waren auf dem Fest?

8. Die drei Läufer

Der Mathematiker Zhang Qiujian wurde etwa 30 Jahre nach Sun Zi geboren und starb auch etwa 30 Jahre später als dieser. Auch von seinem Leben weiß man nichts, außer dass er ein mathematisches Handbuch geschrieben hat, das erhalten geblieben ist. Es ist unter dem Titel *Zhang Qiujian Suanjing* bekannt und besteht aus drei Kapiteln mit insgesamt 92 Problemen und deren Lösungen, die sich mit Quadrat- und Kubikwurzeln, arithmetischen Reihen, linearen Gleichungssystemen, Proportionen und Flächen- und Volumenberechnungen befassen.[7] Einige Probleme davon entstammen auch der Unterhaltungsmathematik wie beispielsweise die zehnte Aufgabe des ersten Kapitels.

Rund um einen hohen Berg verläuft eine 325 Li lange Straße im Kreis. Drei Läufer laufen entlang dieser Straße mit jeweils konstanten Geschwindigkeiten Tag und Nacht im Uhrzeigersinn immer um den Berg herum. Die drei Läufer sind verschieden schnell. Der erste legt 90, der zweite 120 und der dritte 150 Li pro Tag zurück. Sie starten gleichzeitig am selben Ort. Nach wie vielen Tagen treffen erstmals alle drei wieder zusammen?

9. Der Kauf der hundert Vögel

In Zhang Qiujians Handbuch taucht erstmals das berühmte Hundert-Vögel-Problem auf, das später auch andere chinesische Autoren veröffentlichten. Es wandert über Indien in die arabischen Länder und ist um 800 auch im Reich Karls des Großen bekannt. In den nächsten 1200 Jahren haben es dann im Abendland zahllose Autoren immer wieder in ihren Büchern beschrieben und viele Varianten dazu erfunden, sodass es niemals in Vergessenheit geriet. Auch heute noch findet man das Hundert-Vögel-Problem in vielen Zeitschriften und Büchern.

Ein Mann geht zum Markt und kauft sich für seinen Hühnerhof hundert Tiere. Für einen Hahn muss er fünf Sapeks bezahlen, für eine Henne drei Sapeks und für je drei Küken einen Sapek. Alle hundert Vögel zusammen kosten hundert Sapeks. Wie viele Tiere jeder Sorte hat der Mann gekauft? Das Problem hat mehrere Lösungen.

10. Der metallene Kranz

Die *Anthologia Graeca* ist eine umfangreiche Sammlung griechischer Epigramme aus vorklassischer, klassischer, hellenistischer und byzantinischer Zeit. Sie handeln von allen nur denkbaren Bereichen des menschlichen Lebens. Als leicht sich zu merkende, kurze und doch formvollendete kleine Gedichte gehörten sie zum Unterhaltungsrepertoire der gebildeten Kreise. In der *Anthologia Graeca* findet man auch 44 mathematische Knobelaufgaben.[8] Die meisten davon werden Metrodoros zugeschrieben, der um 500 n. Chr. lebte. Viele der Aufgaben sind aber deutlich älter und wurden vermutlich von Metrodoros nur zusammengestellt. Manche Probleme können bis Plato oder sogar bis ins fünfte vorchristliche Jahrhundert zurückverfolgt werden.

Eine der Aufgaben aus der *Anthologia* handelt vom Mischen einer Legierung.

Schmied' einen Kranz mir, du Künstler!
Nimm Gold und Kupfer zur Mischung,
gieß auch Zinn noch hinzu und hartes Eisen!
Denn sechzig Minen wiege der Kranz:
Das Gold mit dem Kupfer zusammen wiege
zwei Drittel vom Ganzen;
das Gold mit dem Zinne zusammen wiege drei Viertel davon;
das Gold mit dem Eisen hinwieder wiege
drei Fünftel vom Kranz.
Nun sag mir genaustens, wie viel du Gold benötigst dazu,
wie viel von dem Kupfer, wie viel Zinn auch benötigst,
und sag, wie viel Eisen brauchst du am Ende,
dass ein Kranz mir ersteht von sechzig Minen zusammen.

11. Der Löwe aus Erz

Auch diese Aufgabe stammt aus der *Anthologia Graeca*.

Bin ein Löwe aus Erz. Aus den Augen, aus Mund und aus der Sohle unter dem rechten Fuß springen Fontänen hervor.
Dass das Becken sich füllt, braucht rechts das Auge zwei Tage,
links das Auge braucht drei und meine Fußsohle vier:
Doch meinem Mund genügen sechs Stunden.
Wie lange wohl dauert's, wenn sich alles vereint, Augen und Sohle und Mund?

Nach den Vorstellungen der Antike haben Tag und Nacht je zwölf Stunden. Sechs Stunden entsprechen damit einem halben Tag.

12. Die Rinder des Augias

Bei dieser dritten Aufgabe aus der *Anthologia Graeca* wird die Geschichte des Herakles, der auch Alkide genannt wird, aufgegriffen. Der Sage nach musste Herakles zwölf gewaltige Aufgaben für König Eurysteus vollbringen. Eine davon war das Ausmisten der Rinderställe des Königs Augias, die schon seit dreißig Jahren nicht mehr gereinigt worden waren.

Wissen wollte dereinst die gewaltige Kraft des Alkiden,
wie viel Rinder Augias besitze. Der gab ihm zur Antwort:
Um die Flut des Alpheios, mein Freund, steht grasend die Hälfte, und ein Achtel der Herden verweilt auf dem Hügel des Kronos,
bei Taraxippos' Heroon an ferner Grenze ein Zwölftel,
und ein Zwanzigstel weidet in Elis' heiligen Marken,
und ein Dreißigstel hab ich im Lande Arkadien gelassen.
Was nun noch übrig verblieb, die fünfzig, sie kannst du hier sehen.

Wie viele Rinder besaß Augias?

13. Die Eselin und das Maultier

Die bekannteste Aufgabe der *Anthologia Graeca* handelt von einer Eselin und einem Maultier.

Schwer bepackt mit Wein eine Eselin ging und ein Maultier.
Und die Eselin stöhnte gar sehr ob der Schwere der Bürde.
Der Gefährte es sah und sprach zu dem ächzenden Tier:
Mutter, was jammerst du doch nach Art der weinenden Mägdlein?
Gibst ein Pfund du mir ab, so trag ich doppelt so viel, als du trägst;
nimmst du mir eins, gleich viel dann tragen wir beide.
Rechne mir aus, Mathematiker du, was jeder getragen.

14. Das Alter des Diophant

Eine der Aufgaben der *Anthologia Graeca* beschreibt das Leben des berühmten griechischen Mathematikers Diophantos, der im dritten nachchristlichen Jahrhundert in Alexandria wirkte und nach dem die diophantischen Gleichungen benannt sind.

Hier dies Grabmal deckt Diophantos – ein Wunder zu schauen!
Durch arithmetische Kunst lehret sein Alter der Stein.
Knabe zu sein gewährt ein Sechstel des Lebens der Gott ihm,
als dann ein Zwölftel dahin, ließ er ihn sprossen die Wang';
noch ein Siebtel, da steckt' er ihm die Fackel der Hochzeit,
und fünf Jahre darauf teilt' er ein Söhnlein ihm zu.
Weh! Unglückliches Kind! Halb hatt' es das Alter des Vaters
erst erreicht, da nahm's Hades, der Schaurige, auf.
Noch vier Jahre ertrug er den Schmerz, der Wissenschaft
lebend, und nun sage das Ziel, welches er selber erreicht.

15. Der Wein des Pharaos

Anania von Schirak war einer der bedeutendsten armenischen Wissenschaftler des frühen Mittelalters. Er lebte etwa von 610 bis 685, studierte in Armenien und Konstantinopel und schrieb Bücher über Astronomie, Mathematik, Chronologie und Geographie und außerdem eine Autobiographie. Sein Denken war stark von der griechischen Philosophie geprägt. Anania veröffentlichte auch ein kleines Manuskript mit dem Titel *Frage und Auflösung*, das vierundzwanzig mathematische Denksportaufgaben enthält.[9] Bei der zweiundzwanzigsten Aufgabe geht es um die Verteilung von Wein.

Der Pharao, der König der Ägypter, feierte seinen Geburtstag und ließ den zehn Nacharar, den höchsten Würdenträgern des Reiches, hundert Fässer Wein geben, der mit Weihrauch gewürzt war. Die Nacharar hatten zehn verschiedene Ränge. Der zweitniedrigste Nacharar sollte doppelt so viel Wein erhalten wie der niedrigste, der drittniedrigste dreimal so viel wie der niedrigste, der viertniedrigste viermal so viel, und so sollte jeder einen Anteil vom Wein erhalten, der seinem Rang entsprach. Wie viel Wein bekam jeder Nacharar?

16. Der gefräßige Wal

Die siebzehnte Aufgabe aus Ananias Buch erhält die Geschichte eines gefräßigen Wals.

Ein Schiff fuhr, mit Weizen beladen, über das Meer. Als ein Wal das Schiff verfolgte, fürchteten sich die Schiffsleute und warfen ihm die Hälfte des Weizens zu. Auch am zweiten Tag folgte ihnen der Wal, und so warfen sie ihm den fünften Teil des noch verbliebenen Weizens zu. Am dritten Tag bekam der Wal den achten und am vierten den siebten Teil des jeweils restlichen Weizens. Dann langten sie im Hafen an, und es blieben 7200 Kaith übrig. Wie viel Weizen war auf dem Schiff, bevor es den Wal traf?

17. Die Wildeselfalle

Eine andere Aufgabe aus Ananias Buch *Frage und Auflösung* handelt von einer Wildeselfalle.

Nerses, Herr von Schirak und Arscharunik, hatte eine Falle am Fuße des Berges, den man Artin nennt, gelegt. In der Nacht gingen viele Wildeselscharen hinein. Da seine Jäger zu wenige waren, um sie alle zu erlegen, liefen sie ins Dorf Thalin und erzählten es ihm. Nerses kam selbst samt seinen Brüdern und dem Azat. Die Hälfte des Wildes aus der Falle wurde erschlagen, und durch Pfeile wurde der vierte Teil getötet, und das ganze Jungwild wurde lebendig gefangen, es bildete den zwölften Teil, und durch Lanzen wurden 360 Tiere getötet. Nun wisse, wie viele sie im Ganzen gewesen waren.

18. Der Bau der Kirche

Im Jahre 301, nach anderen Quellen im Jahre 316, machte König Trdat III. das Christentum zur Staatsreligion Armenien. Dadurch wurde Armenien der erste christliche Staat der Weltgeschichte. In der Folgezeit wurden viele Kirchen errichtet. Von dem Bau einer solchen Kirche erzählt ein weiteres Rätsel Ananias.

Ich baute eine Kirche, ich dingte einen Maurer, der täglich 140 Steine vermauerte, und nach 39 Tagen der Arbeit dingte ich noch einen Maurer, und er vermauerte täglich 218 Steine. Und als dieser genauso viele Steine vermauert hatte als jener, war die Kirche vollendet. Nun wisse, wie viele Tage der Kirchbau dauerte.

19. Die Kunst des Teilens

Abu Abdallah Muhammad ibn Musa al-Khwarizmi war einer der ersten bedeutenden arabischen Mathematiker. Er lebte etwa von 780 bis 850 in Bagdad. Auf seinen Namen geht das Wort *Algorithmus* zurück. Al-Khwarizmi verfasste zahlreiche wissenschaftliche Werke, seinen großen Ruhm aber verdankt er seinen beiden Büchern über die Arithmetik und die Algebra. In dem ersten Buch erklärt er das indische Positionssystem der Zahlen, das wir heute als *arabische Zahlen* bezeichnen. Al-Khwarizmi stellte seinen Lesern auch das folgende Problem, das seit über tausend Jahren weitergegeben wird und heute noch in vielen Rätselbüchern zu finden ist.[10]

Es waren einmal zwei Männer, von denen der eine drei Brote und der andere zwei hatte. Sie wollten sie gerade essen, als noch ein dritter Mann hinzukam. Die drei Männer teilten sich die fünf Brote und jeder aß gleich viel. Nach dem Mahl gab der dritte Mann den beiden anderen fünf Dirham und sagte: «Teilt euch das Geld nach den Anteilen auf, die ich von euren Broten gegessen habe.»

Wie müssen sich die beiden ersten Männer das Geld gerecht unter sich teilen?

20. Die Säule im See

Der indische Mathematiker Mahavira wurde um 800 geboren und starb um 870. Er war Anhänger der Religion des Jainismus und sehr gut mit der Mathematik der Jainisten vertraut. Mahavira lebte in der südindischen Stadt Mysore und lehrte an der dortigen Mathematikschule. Über sein Leben ist so gut wie nichts bekannt. Das einzige von ihm erhalten gebliebene Buch trägt den Titel *Ganita Sara Samgraha* und wurde um 850 geschrieben.[11] Es war als Erweiterung der Werke des indischen Mathematikers und Astronomen Brahmagupta (598–670) gedacht. Mahaviras Buch ist eine vollständige Zusammenfassung der indischen Mathematik des 9. Jahrhunderts. Es enthält aber auch eine ganze Reihe von mathematischen Denksportaufgaben, wie zum Beispiel das bekannte Säulenproblem, das hier das erste Mal auftritt.

In einem See steht eine Säule. Sie steckt zu einem Achtel in der Erde, einem Viertel im Schlamm und einem Drittel im Wasser. Die obersten sieben Hastas ragen in die Luft. Wie viele Hastas ist die Säule insgesamt lang?

21. Die dreißigpfündige Schale

Im 9. Jahrhundert wurde im Frankenreich ein Manuskript mit dem Titel *Propositiones ad acuendos iuvenes* (Aufgaben zur Schärfung des Geistes der Jugend) geschrieben.[12] Es ist die älteste Sammlung mathematischer Aufgaben in lateinischer Sprache. Der Autor dieses Manuskripts ist unbekannt, aber es spricht vieles dafür, dass es von Alkuin von York (ca. 735–804) verfasst wurde, einem angelsächsischen Wissenschaftler, der von 781 bis 796 die Hofschule Karls des Großen leitete und der sicherlich der größte Gelehrte des Abendlandes der zweiten Hälfte des ersten Jahrtausends war. Die *Propositiones* bestehen aus 56 Aufgaben, von denen die meisten zur Unterhaltungsmathematik gehören. Viele der Aufgaben stammen aus römischen, griechischen, byzantinischen und arabischen Quellen, aber etliche sind auch Erfindungen aus der Karolingerzeit und tauchen in der Geschichte der Unterhaltungsmathematik zum ersten Mal in den *Propositiones* auf. Die siebte Aufgabe der Sammlung trägt den Titel *Propositio de disco pensante libras XXX*.

Eine Schale wiegt 30 Pfund oder 600 Schillinge und besteht aus Gold, Silber, Messing und Zinn. Sie enthält dreimal so viel Silber wie Gold, dreimal so viel Messing wie Silber und dreimal so viel Zinn wie Messing. Wie viel Metall jeder Art enthält sie?

22. Die Überfahrt

Eine der bekanntesten Aufgaben der *Propositiones ad acuendos iuvenes* hat den Titel *Propositio de tribus fratribus singulas habentibus sorores* und handelt von einer schwierigen Flussüberquerung. Der Aufgabentyp der Flussüberquerungsprobleme ist in den *Propositiones* gleich in vier Varianten enthalten.

Drei Männer, jeder von seiner Schwester begleitet, kommen an einen Fluss und wollen ihn überqueren. Sie finden aber nur ein kleines Boot, in dem nicht mehr als zwei von ihnen Platz haben. Jeder der Männer hat Verlangen nach den Schwestern der anderen beiden Männer. Wie können sie alle den Fluss überqueren, ohne dass eine Frau entehrt wird, und wie viele Fahrten sind dafür mindestens notwendig? Keine Frau darf ohne ihren Bruder mit einem anderen Mann oder mit beiden anderen Männern zusammen an einem Ufer oder im Boot zusammen sein. Sie darf auch nicht mit dem Boot an einem Ufer anlegen, an dem sich ein Mann befindet, wenn ihr Bruder am gegenüberliegenden Ufer steht.

23. Die Basilika

Die dreißigste Aufgabe der *Propositiones ad acuendos iuvenes* trägt den Titel *Propositio de basilica.*

Eine Basilika ist 240 Fuß lang und 120 Fuß breit. Sie soll mit 23 Unzen langen und 12 Unzen breiten Platten vollständig ausgelegt werden. Wie viele Platten sind dafür notwendig, wenn 12 Unzen einem Fuß entsprechen?

Dies ist die Aufgabe aus den *Propositiones.* Die interessantere und schwierigere Frage, die man aber nicht in den *Propositiones* findet, lautet: Wie viele Platten müssen mindestens zerschnitten werden, um die Basilika vollständig zu pflastern?

24. Das Kamel

Die vorletzte Aufgabe der *Propositiones* mit dem Titel *Propositio de homine patrefamilias* handelt von einem Kamel, das Getreide tragen muss, und ist das älteste Transportproblem, das man kennt. Es hat sich seither in vielen Varianten zu einem Klassiker der Unterhaltungsmathematik entwickelt.

Ein Hausherr lässt 90 Scheffel Getreide mit einem Kamel von einem seiner Häuser zu einem 30 Leugen entfernten Haus bringen. Das Kamel kann höchstens 30 Scheffel Getreide tragen. Dabei frisst das Kamel auf den Hinwegen, wenn es beladen ist, auf jeder Leuge einen Scheffel Getreide. Auf den Rückwegen, wenn es unbeladen ist, frisst es nichts. Wie viel Getreide bleibt nach diesem Transport höchstens übrig?

25. Der fleißige Kaufmann

Einer der bedeutendsten arabischen Mathematiker des 10. Jahrhunderts war Abu al-Hasan Ahmad ibn Ibrahim al-Uqlidisi. Über sein Leben ist nichts bekannt. Im Jahre 952 hat er in Damaskus ein Buch geschrieben, das das älteste erhaltene Werk über die indische Arithmetik in arabischer Sprache ist.[13] Aus diesem Buch stammt auch die folgende Aufgabe.

Ein Kaufmann investiert sein Geld in einen Handel, der die Hälfte des eingesetzten Kapitals als Gewinn abwirft. Der Mann macht mit seinem nun vergrößerten Kapital ein zweites Geschäft, bei dem der Gewinn ein Drittel des Einsatzes ist. Bei einem dritten Handel setzt der Kaufmann wiederum sein ganzes Geld ein und gewinnt ein Viertel hinzu. Nach diesem Muster läuft der Handel des Mannes weiter, bis er schließlich bei seinem neunten Geschäft ein Zehntel seines Einsatzes gewinnt. Nun besitzt der Kaufmann hundert Dinar. Wie groß war sein ursprüngliches Kapital?

26. Der Kauf des Pferdes

Abu Bakr Muhammad ibn al-Hasan al-Hasib al-Karadschi wirkte Ende des 10. bis Anfang des 11. Jahrhunderts in Bagdad. Er war in erster Linie Mathematiker, aber es ist von ihm auch eine Schrift physikalisch-geologischen Inhalts erhalten geblieben. Al-Karadschi widmete sich vor allem der griechischen Mathematik und räumte der indischen, anders als seine Zeitgenossen, nur wenig Platz ein. In seinem Buch *Genügendes über die Arithmetik*[14] findet man eine Aufgabe über einen Pferdekauf.

Drei Männer wollen ein Pferd kaufen, das 100 Dirham kostet, aber keiner hat genügend Geld dafür. Da sagt der erste Mann zu den beiden anderen: «Gebt mir ein Drittel von dem, was ihr besitzt, dann habe ich die 100 Dirham.» Hierauf sagt der zweite Mann: «Wenn ihr mir ein Viertel von dem gebt, was ihr besitzt, dann habe ich die 100 Dirham.» Schließlich sagt der dritte Mann: «Ich werde die 100 Dirham haben, wenn ihr mir ein Fünftel eures Geldes gebt.» Wie viel Geld hat jeder der drei Männer?

27. Der fromme Mann

Der Perser Muhammad ibn Muhammad ibn Yahya Abu l-Wafa al-Busadschani wurde im Jahre 940 in Busadschan im heutigen Iran geboren. Mit neunzehn Jahren wanderte er in den Irak aus und arbeitete am Observatorium von Sharaf al-Daula. Abu l-Wafa entdeckte zahlreiche Sätze der Geometrie. Bekannt ist er heutzutage vor allem, weil er der erste Mathematiker war, der die Tangensfunktion benutzte, und weil er Sinus- und Tangenstabellen mit einer Genauigkeit von acht Dezimalstellen berechnete. Abu l-Wafa starb um 997 in Bagdad. Zur Unterhaltungsmathematik hat er unter anderem folgendes Problem beigetragen:[15]

Ein frommer Mann bittet Gott: «Gib mir so viel, wie ich habe, und ich spende den Armen 10 Dirham.» Sein Wunsch wird erfüllt, und einige Zeit später bittet er Gott erneut: «Gib mir so viel, wie ich habe, und ich spende den Armen 10 Dirham.» Auch diesmal geht sein Wunsch in Erfüllung, und er wiederholt seine Bitte und sein Versprechen noch einmal. Sie wird zum dritten Mal erfüllt, und der Mann spendet auch wieder den Armen. Als er schließlich seine Bitte und sein Versprechen zum vierten Mal äußert und sie wiederum erfüllt wird und er sein Almosen gegeben hat, besitzt er gar nichts mehr. Wie viel Geld besaß der Mann, bevor er seine erste Bitte tat?

28. Der betrunkene Mann

Leofric († 1072), der erste Bischof der englischen Stadt Exeter, schenkte der Kathedrale seines Bischofssitzes ein 131 Seiten umfassendes Manuskript, das heute unter dem Namen *Codex Exoniensis*[16] bekannt ist. Die ersten acht Seiten sind verloren gegangen und wurden durch andere ersetzt. Dieser Codex ist die größte noch existierende Sammlung altenglischer Literatur und eines von vier Büchern, die so gut wie die gesamte erhalten gebliebene altenglische

Dichtung umfassen. Er enthält einige Kurzgedichte, die zu den wichtigsten Werken altenglischer Literatur gehören, wie zum Beispiel *The Wanderer, The Seafarer, Widsith, Wulf and Eadwacer, The Wife's Lament, The Ruin* und *Deor.* Dazu kommen noch einige religiöse Texte und etliche Rätsel mit zum Teil recht schlüpfrigen Andeutungen. Es ist nicht genau bekannt, wann der Codex geschrieben wurde, vermutlich aber entstand er zwischen den Jahren 960 und 990, denn in diesem Zeitraum stieg die Aktivität und Produktivität der Klöster unter dem neuen Einfluss benediktinischer Prinzipien. Gesichert nachgewiesen ist die Existenz des Manuskriptes aber erst ab dem Jahre 1050.

Eines der Rätsel aus dem *Codex Exoniensis* beschreibt eine recht seltsame Familie.

Ein Mann sitzt betrunken bei seinen beiden Ehefrauen, seinen beiden Söhnen, seinen beiden Töchtern und seinen beiden Enkeln. Auch sind der Vater des einen Enkels und der Vater des anderen Enkels, ein Onkel und ein Neffe zugegen. Trotzdem wohnen nur fünf Menschen unter dem Dach. Wie ist das möglich?

29. Die Gewichtssteine

Abu Dschafar Muhammed ibn Ayyub at-Tabari lebte im 11. Jahrhundert. Er war Mathematiker, Astronom und Astrologe. Wahrscheinlich wurde er in Amul in Tabaristan im heutigen Iran geboren und starb in Bagdad. Von seinen Werken kennt man nur persische Abschriften. Es ist aber nicht bekannt, ob er sie auch in Persisch verfasste, oder ob sie später vom Arabischen ins Persische übersetzt wurden. At-Tabari hat zahlreiche Aufgaben zur Unterhaltungsmathematik beigetragen. In seinem Buch *Schlüssel der Transaktionen*[17] findet man ein seit dem 14. Jahrhundert auch im Abendland bekanntes Wägeproblem.

Mit einer Balkenwaage soll jedes ganzzahlige Gewicht von einem Pfund bis hin zu 29 524 Pfund gewogen werden können. Als

Gewichtsstücke dienen Steine, die auf beide Waagschalen gelegt werden dürfen. Wie viele Steine braucht man dafür mindestens, und welche Gewichte sollten sie haben? At-Tabari hatte das Problem für seine Leser etwas vereinfacht. Sie sollten einen Steinsatz finden, mit dem man jedes Gewicht bis nur maximal 10 000 Pfund abwägen können sollte. Er gab aber eine Lösung an, die alle Gewichte bis 29 524 Pfund ermöglicht.

30. Schüler und Taugenichtse

Abraham ibn Ezra, auch Abraham ben Meir genannt, war ein jüdischer Philosoph und Astrologe, der im arabischen Spanien lebte. Er wurde um 1090 in Toledo geboren und starb um 1167 in Alahorra. In dem ihm zugeschriebenen Buch *Kunstgriff*[18] findet man ein Problem, das in vielen Varianten im Morgen- und im Abendland immer wieder auftaucht. In der westlichen Welt ist es unter dem Namen *Josephusspiel* bekannt.

Eines Tages fuhr Abraham ibn Ezra mit 15 seiner Schüler und 15 Taugenichtsen übers Meer, als sich ein gewaltiger Sturm erhob. Das Schiff war so stark gefährdet, dass der Schiffsführer es für notwendig erklärte, 15 Passagiere ins Meer zu werfen. Ibn Ezra ging sofort auf den Vorschlag ein und meinte, es sei besser, die Hälfte sterbe, als dass das Schiff mit allen Menschen versinke. Er schlug deshalb vor, das Los entscheiden zu lassen. Die 15 Schüler und 15 Taugenichtse sollten sich dafür im Kreis aufstellen. Dann müsse im Kreis herum abgezählt werden, wobei jeder Neunte ins Meer geworfen werden solle, so lange, bis das Schiff um 15 Personen erleichtert sei. Der Vorschlag wurde angenommen, und Abraham ibn Ezra stellte die Schüler und Taugenichtse so im Kreis auf, dass kein Schüler ins Meer geworfen wurde. Wie sah die Aufstellung aus?

31. Der Garten

Der italienische Kaufmann und Mathematiker Leonardo von Pisa, der auch unter dem Namen Fibonacci bekannt ist, lebte von etwa 1170 bis etwa 1250. Er unternahm ausgedehnte Handelsreisen rund um das Mittelmeer und lernte dabei die arabischen Zahlen und die Mathematik der Araber kennen. Mit seinem berühmten Buch *Liber Abaci* aus dem Jahre 1202 machte er die morgenländische Mathematik und Zahlendarstellung im Abendland bekannt. In diesem Buch stellte Leonardo auch die bekannte Gartenaufgabe,[19] die es in vielen Varianten zuvor auch schon bei den Chinesen, Indern und Arabern gab.

Ein Garten ist mit einer siebenfachen Mauer geschützt, und die sieben Tore in den Mauern werden von sieben Wächtern bewacht. Ein Mann pflückt sich in dem Garten einen Korb voll Äpfel. Beim Hinausgehen muss er dem ersten Wächter die Hälfte seiner Äpfel und noch einen Apfel zusätzlich geben. Beim zweiten Tor fordert der zweite Wächter die Hälfte der restlichen Äpfel und noch einen weiteren Apfel. So ergeht es dem Mann auch am dritten, vierten, fünften, sechsten und siebten Tor. Zum Schluss behält er nur noch einen einzigen Apfel übrig. Wie viele Äpfel hat der Mann gepflückt?

32. Tirri und Firri

Albert von Stade wurde Ende des 12. Jahrhunderts in Norddeutschland geboren. Er war Abt des Benediktinerklosters St. Marien in Stade und bemühte sich, das Kloster nach der strengen Zisterzienserregel zu reformieren, was ihm aber nicht gelang. Darum legte er 1240 sein Amt nieder und trat in das Franziskanerkloster in Stade ein. Albert schrieb die bis 1256 reichende Weltchronik *Annales Stadenses.* Er starb nach 1264. Beim Jahr 1152 seiner Chronik fügte er eine Sammlung von fünfzehn in eine Rahmenerzählung gebettete Denksportaufgaben ein.[20] Die beiden jungen Männer Tirri und Firri stellen sich am Heiligabend gegenseitig Rätsel. Eines davon ist ein Umfüllproblem, eine Rätselart, die hier zum ersten Mal in der Geschichte der Unterhaltungsmathematik erwähnt ist.

Tirri hat in der Stadt Wein gekauft und geht mit einem Gefäß, das bis zum Rand mit acht Maß gefüllt ist, nach Hause. Auf dem Heimweg trifft er Firri, der mit zwei leeren Gefäßen, von denen das eine drei und das andere fünf Maß fasst, auch Wein holen möchte. Die beiden beschließen, Tirris Wein zu teilen, sie haben jedoch außer ihren drei Gefäßen keinerlei Hilfsmittel dafür. Wie können sie es schaffen, dass jeder nach dem Teilen in seinen Gefäßen vier Maß Wein hat?

33. Die gerechte Teilung des Weins

Auch die folgende Aufgabe ist eine Weinverteilungsaufgabe aus Abt Alberts *Annales Stadenses*.

Neun Gefäße mit Wein sollen an drei Brüder so verteilt werden, dass jeder gleich viele Gefäße und gleich viel Wein erhält. Nun ist es aber so, dass das erste Gefäß ein Maß Wein enthält, das zweite Gefäß zwei Maß Wein, das dritte drei Maß, und so geht das fort, bis schließlich das neunte Gefäß neun Maß Wein enthält. Kann man dieses Problem lösen, ohne Wein von einem Gefäß in ein anderes füllen zu müssen?

34. Die Vierteltaube

In der Bibliothek der Columbia University in New York wird ein anonymes italienisches Manuskript aus dem 14. Jahrhundert aufbewahrt, das unter dem Titel *Columbia-Algorismus*[21] bekannt ist. Es enthält 142 arithmetische und geometrische Probleme, darunter auch etliche Denksportaufgaben. In einer dieser Aufgaben fragt eine auf einem Baum sitzende Vierteltaube eine Schar vorüberfliegende Tauben: «Gott grüß euch, ihr 25.» Sie erhält die Antwort:

«Wären wir noch einmal so viele und noch die Hälfte von uns und ein Viertel von uns und noch du dazu, dann wären wir 25.» Wie viele Tauben fliegen an dem Baum vorbei?

35. Die Schachlegende

Der Jurist und Theologe Ahmad ibn Muhammad ibn Khallikan wurde 1211 in Arbela im heutigen Nordirak geboren. Er war Richter in Kairo und Damaskus und starb 1282. Ibn Khallikan schrieb ein umfangreiches biographisches Lexikon mit dem Titel *Wafayāt al-a'yān wa-anbā' abnā' az-zamān*, dessen englische Ausgabe aus den Jahren 1843–1871 über 2700 Seiten lang ist. In diesem Lexikon erzählt er auch die Geschichte von Sissa ibn Dahir, dem legendären Erfinder des Schachspiels.[22]

Der indische König Shirham hatte so große Freude am Schachspiel, dass er den Erfinder des Spiels holen ließ und zu ihm sagte: «Du hast einen Wunsch frei.» «Majestät», antwortete Sissa ibn Dahir. «Gebt mir ein Weizenkorn für das erste Feld des Schachbretts, zwei Körner für das zweite Feld, vier Körner für das dritte Feld, acht Körner für das vierte Feld und dann für jedes weitere Feld immer doppelt so viele Körner wie für das vorherige Feld.» «Du Narr! Ist das alles, was du willst?», fragte der erstaunte König.

War Sissa ibn Dahirs Wunsch tatsächlich so bescheiden, wie der König glaubte? Wie viele Körner hätte der König ihm geben müssen?

36. Die unbekannte Erbschaft

Maximos Planudes war ein byzantinischer Mönch aus Nikomedia in der heutigen Türkei und lebte von etwa 1255 bis etwa 1310. Er gab eine Sammlung griechischer Epigramme heraus, fand ein Exemplar von Ptolemäus' verschollenem Buch *Geographia*, kommentierte Äsops Fabeln und Werke von Sophokles, Euripides und Hesiod und gab sie heraus. Er übersetzte Bücher von Augustinus, Boethius und Cato vom Lateinischen ins Griechische. Außerdem schrieb er ein Rechenbuch mit vielen Aufgaben aus der Unterhaltungsmathematik.[23] Das folgende Problem stammt aus diesem Buch.

Ein alter Mann lag im Sterben. Er ließ sich seine Geldschatulle bringen, rief seine Söhne und sagte: «Ich gebe euch nun mein Geld und jeder bekommt gleich viel.» Dann gab er seinem ältesten Sohn ein Goldstück und ein Siebtel des Restes, dem zweiten zwei Goldstücke und ein Siebtel des Restes und dem dritten drei Goldstücke und ein Siebtel des Restes. Als er so weit gekommen war, starb er. Der Mann hatte bis dahin weder alle Söhne bedacht noch sein ganzes Gold verteilt, und wenn er nicht gestorben wäre, hätte er sein Geld nach dem gleichen Schema weiterverteilt. Wie viele Söhne hatte der Mann?

37. Die Festung

Shihabaddin Abu l-Abbas Ahmad ibn Yahya ibn Abi Hajala at-Tilimsani al-Hanbali schrieb vor etwa sechshundert Jahren ein arabisches Schachbuch mit dem Titel *Buch der Beispiele über die Kriegsführung beim Schach*. Im Jahre 1446 wurde es von Muhammed ibn Ali ibn Muhammed al-Arzagi abgeschrieben, und diese Kopie des Werkes ist bis heute erhalten geblieben. In dem Schachbuch kommt erstmals in der Geschichte der Unterhaltungsmathematik ein Anordnungsproblem vor, das seitdem in sehr vielen Denksportaufgabenbüchern der Welt in zahlreichen Varianten zu finden ist.[24]

Eine Festung mit 4 Mauern und 4 Ecktürmen soll von 44 Soldaten verteidigt werden. Der Hauptmann ordnet seine Männer so auf den Mauern und den Türmen an, dass jede Seite der Festung von 12 Mann bewacht wird. Als durch einen Überfall 4 Soldaten sterben, ordnet der Hauptmann die verbliebenen Soldaten so um, dass noch immer 12 Mann auf jeder Festungsseite stehen. Als erneut 4 Mann sterben, ordnet der Hauptmann die Soldaten noch einmal um, und wieder stehen 12 Mann auf jeder Seite. Ein drittes Mal sterben 4 Soldaten. Der Hauptmann ordnet seine Männer um, und erneut stehen 12 Soldaten an jeder Festungsseite.

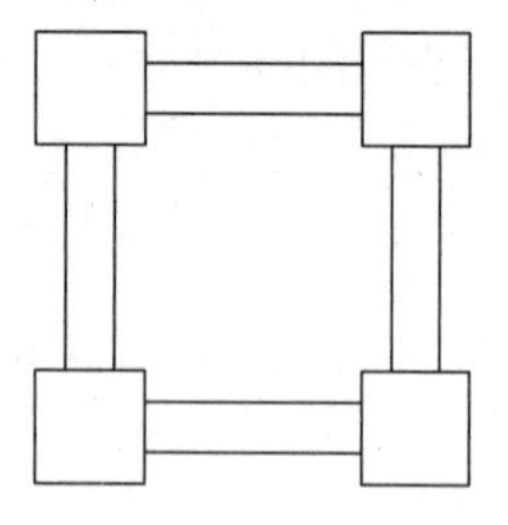

Wie hat der Hauptmann die 44, 40, 36 und 32 Soldaten auf die 4 Türme und 4 Mauern der Festung verteilt?

38. Der Dieb im Schloss

Jakob Köbel wurde 1462 in Heidelberg geboren. Ab 1494 war er Stadtschreiber von Oppenheim, rechtskundiger Prozesshelfer, amtlicher Feldmesser, Eichmeister, Rathauswirt, Buchdrucker, Verleger und erfolgreicher Autor von Rechenbüchern. Über seine Lebensumstände ist kaum etwas bekannt, doch wie viele Gelehrte in der Zeit des Humanismus war er sehr betriebsam und vielseitig gebildet. Köbel starb 1533 in Oppenheim. Aus seinem erstmals 1514 in Augsburg erschienenen *Rechenbuch Auff Linien und Ziffern*[25] stammt das folgende kleine Rätsel.

Ein Dieb hat in einem Schloss einen Sack voll Gulden gestohlen. Das Schloss ist mit drei Pforten gesichert. Als er an die erste Pforte kommt, sieht der Pförtner den Sack und sagt: «Gib mir die Hälfte des Geldes, dann lasse ich dich durch.» Der Dieb gibt ihm das Geld, und aus Mitleid bekommt er vom Pförtner 100 Gulden zurück. Auch der Pförtner am zweiten Tor verlangt für den Durchlass die Hälfte des Geldes. Auch diesmal gibt der Dieb das Geld ab und bekommt aus Mitleid 50 Gulden zurück. Am dritten und letzten Tor ergeht es ihm nicht anders. Der Pförtner verlangt die Hälfte des Geldes, bekommt sie auch und gibt dem Dieb aus Mitleid 25 Gulden zurück. Schließlich verlässt der Dieb mit 100 Gulden im Sack das Schloss. Wie viel Geld hat er ursprünglich gestohlen?

39. Die Reise nach Rom

Auch die folgende Aufgabe stammt aus Jakob Köbels *Rechenbuch Auff Linien und Ziffern.*

Zwei Bürger aus Oppenheim, Son Heynrich und Contz von Treber genannt, wollten gemeinsam nach Rom pilgern. Heynrich war alt und konnte nur zehn Meilen am Tag gehen, Contz hingegen war jung und stark und vermochte dreizehn Meilen am Tag zu gehen. Darum verließ Heynrich neun Tage vor Contz Oppenheim. Nach wie vielen Tagen seiner Wanderung hatte Contz Heynrich eingeholt?

40. Die Münzen im Stern

Daniel Schwenter wurde 1585 in Nürnberg geboren und starb 1636 in Altdorf. Er studierte an der Universität Altdorf, wo er ab 1606 auch Professor für Hebräisch, ab 1625 Professor für alle orientalischen Sprachen und ab 1628 Ordinarius für Mathematik war. Sein bekanntestes Werk ist ein Buch über Unterhaltungsmathematik und -physik mit dem Titel *Deliciae Physico-Mathematicae,*[26] das in seinem Todesjahr erschien. In diesem Buch findet man das auch heute noch sehr bekannte Münzsternproblem.

Bringen Sie sieben Münzen auf die Spitzen dieses achteckigen Sterns, und zwar nach folgendem Verfahren: Legen Sie eine Münze auf eine freie Spitze und schieben Sie sie dann entlang einer der beiden von dieser Spitze ausgehenden Linien auf eine andere freie Spitze. Sie dürfen die Münze jedoch nicht weiter als ein Linienstück verschieben. Dort bleibt sie liegen und soll auch später nicht mehr verschoben werden. Danach legen Sie nach dem gleichen Schema die anderen sechs Münzen auf den Stern. Schaffen Sie dies?

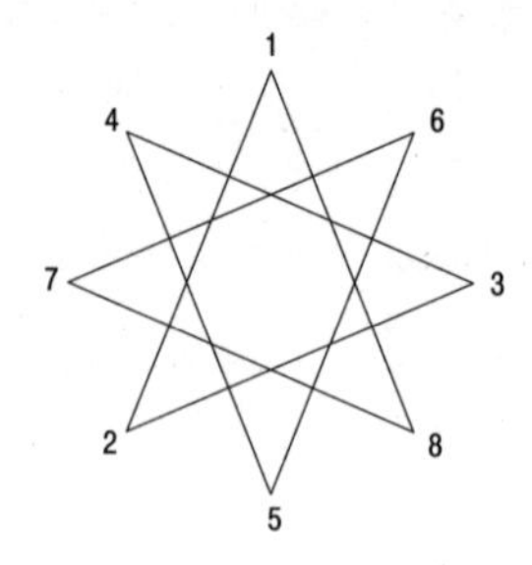

41. Rechner, gebet eine Zahl

Johann Hemeling war der Sohn eines Klosterschreibers und wurde um 1610 vermutlich in Hildesheim geboren. Ab 1641 war er Schreibmeister in Hildesheim und ab 1646 Schreibmeister in Hannover. 1656 wurde er bei einem Festakt im Hause des Bürgermeisters mit dem poetischen Lorbeerkranz geehrt. Er schrieb etliche Rechenbücher, die außerordentlich populär waren und noch bis weit ins 18. Jahrhundert hinein immer wieder nachgedruckt wurden. Johann Hemeling starb 1684. Aus seinem Buch *Neugemehrtes selbstlehrende Rechne-Schul, Oder Selbstlehrendes Rechne-Buch*[27] stammt das folgende Rätselgedicht:

Rechner/gebet eine Zahl;
Wann man sie ein achttheil mahl/
Zu ein hundert fünfftzig legt/
Daß es fünfftzig mehr beträgt/
Als wann man sie ohne Wahl/
Richtig setzt dreyviertheil mahl/
Mein/zeigt an/in schneller Frist/
Was für eine Zahl es ist?

42. Newtons Ochsen

Einer der bedeutendsten Physiker aller Zeiten war der Engländer Isaac Newton. Er wurde am 4. Januar 1643 in Woolsthorpe geboren und starb am 31. März 1727 in London. Zu seinen größten Leistungen gehört die Formulierung des Gravitationsgesetzes und der nach ihm benannten drei Newton'schen Gesetze, die er in seinem 1687 erschienenen Hauptwerk *Naturalis Principia Mathematica* veröffentlichte. Aber er leistete auch Großartiges auf dem Gebiet der Optik und der Mathematik. Weniger bekannt ist den meisten Menschen, dass Newton zudem als Alchemist, Philosoph und Theologe arbeitete und er viel Zeit damit verbrachte, den Stein der Weisen zu finden, und versuchte, unedle Metalle in Gold zu verwandeln. In seinem Buch *Arithmetica Universalis* aus dem Jahre 1707 hat er sogar etliche Aufgaben der Unterhaltungsmathematik bearbeitet, die zum Teil noch heute weit verbreitet sind.[28]

Zwölf Ochsen grasen eine Wiese von dreieindrittel Morgen in vier Wochen vollständig ab, und einundzwanzig Ochsen brauchen für eine Wiese von zehn Morgen neun Wochen. Wie viele Ochsen kann eine Wiese von vierundzwanzig Morgen achtzehn Wochen lang ernähren? Alle Ochsen fressen jeden Tag gleich viel, und das Gras aller Wiesen wächst ständig und gleichmäßig nach.

43. Die Grundstücksteilung

Pablo Minguet y Yrol wurde um 1700 in Madrid geboren und starb nach 1775. Er war Kupferstecher, Philosoph, Komponist und Autor zahlreicher populärer Schriften über verschiedenste Themen, angefangen mit der Religion über die Brillenherstellung bis hin zu Zaubertricks. Vor allem aber bemühte er sich in seinen Schriften darum, dem breiten Volk Zugang zu den schönen Künsten zu verschaffen. Das 1988 gegründete Kölner Minguet-Quartett hat sich ihn deshalb als Namenspatron auserkoren. In seinem Buch *Engaños à Ojos Vistas, y Diversion de Trabajos Mundanos, Fundada en Licitos Juegos de Manos, que contiene todas las diferencias de los Cubiletes, y otras habilidades muy curiosas, demostradas con diferentes Láminas, para que los pueda hacer facilmente qualquier entretenido*, das erstmals um 1733 erschien, veröffentlichte Pablo Minguet zahlreiche Probleme der Unterhaltungsmathematik.[29] Eines davon – das Problem der Grundstücksteilung – hat sich seitdem zu einem Denksportklassiker entwickelt.

Ein Mann stirbt und hinterlässt seinen vier Söhnen ein Grundstück, das die Form eines Quadrates hat, dem an einer Ecke ein Viertel fehlt. Die Söhne sollen das Grundstück so unter sich aufteilen, dass jeder von ihnen ein deckungsgleiches Stück erhält. Wie müssen sie dies machen?

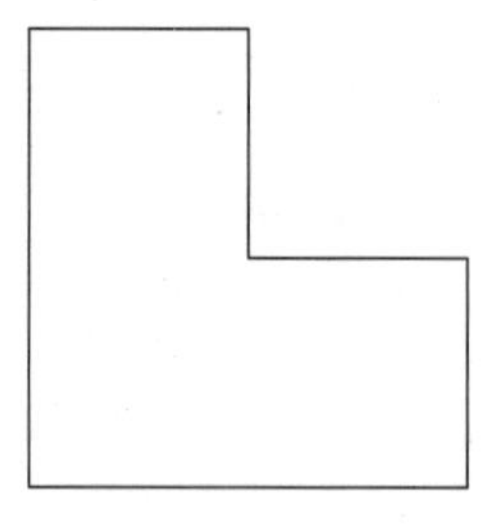

44. Der Treffpunkt der Uhrzeiger

Uhren, die zusätzlich zum Stundenzeiger auch einen Minutenzeiger besaßen, tauchten zum ersten Mal Ende des 16. Jahrhunderts auf. Die ersten Denksportaufgaben über Stunden- und Minutenzeiger ließen aber noch über hundert Jahre auf sich warten. 1749 wurde in der französischen Stadt Lille das Buch *Les Amusemens Mathématiques Precedés Des Elémens d'Arithmétique, d'Algébre & de Géométrie nécessaires pour l'intelligence des Problêmes* herausgegeben. Das Werk erschien anonym, aber es wird allgemein angenommen, dass es von dem Buchdrucker und -händler André-Joseph Panckoucke

(1700–1753) geschrieben wurde. In diesem Buch erschien erstmals das heutzutage sehr bekannte Zeigertreffproblem.[30]

Zu welchem Zeitpunkt zwischen vier und fünf Uhr stehen der Stunden- und der Minutenzeiger einer Uhr exakt übereinander?

45. Die Königsberger Brücken

Einer der größten Mathematiker war Leonhard Euler. Er wurde 1707 in Basel geboren und zog im Alter von zwanzig Jahren nach St. Petersburg. 1730 erhielt er dort eine Professur für Physik und 1733 für Mathematik. 1741 wurde er von Preußens König Friedrich dem Großen an die Berliner Akademie berufen, wo er 25 Jahre lang lehrte. 1766 zog er wieder nach St. Petersburg. Er starb dort 1783. Euler war sehr produktiv und verfasste 866 wissenschaftliche Publikationen. 1735 löste und verallgemeinerte er das Problem der Königsberger Brücken, das er vermutlich durch seinen aus Königsberg stammenden Kollegen Christian Goldbach kennengelernt hatte.[31]

In der Stadt Königsberg umschließen zwei Arme des Pregels die Insel Kneiphof. Sie war im 18. Jahrhundert über sieben Brücken mit den umliegenden Stadtteilen verbunden. Ist es möglich, über jede der sieben Brücken genau einmal zu gehen und dann wieder zum Ausgangspunkt zurückzukehren?

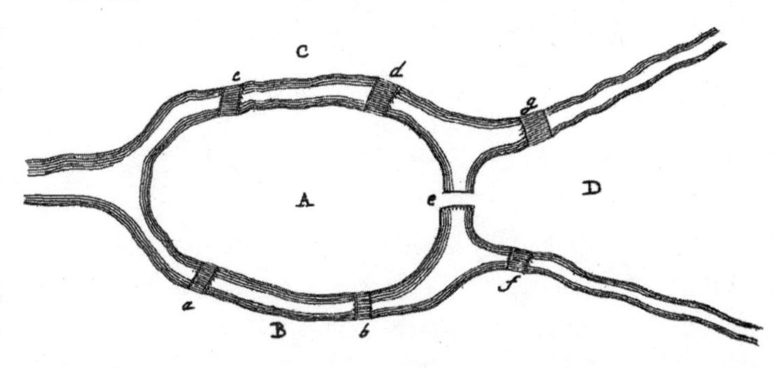

Die Zeichnung stammt übrigens aus Eulers Veröffentlichung.

46. Die mathematischen Löcher

Im Jahre 1780 gründete Peter Friedrich Catel in Berlin einen Versandhandel für mathematisches und physikalisches Spielzeug. Sein Katalog von 1790 hatte den Titel *Mathematisches und physikalisches Kunst-Cabinet, dem Unterrichte und der Belustigung der Jugend gewidmet. Nebst einer zweckmäßigen Beschreibung der Stücke, und Anzeige der Preise, für welche sie beim Verfasser dieses Werks P.F. Catel in Berlin zu bekommen sind.*[32] In diesem Versandkatalog ist erstmals in der Denksportliteratur das bekannte Problem der drei mathematischen Löcher vertreten.

Gibt es einen Körper, den man konturengleich nacheinander durch alle drei Löcher des Brettchens stecken kann? Konturengleich bedeutet, dass sich mit dem Körper die Öffnungen vollständig verschließen lassen, sodass man an keiner Stelle mehr hindurchsehen kann. Die Seiten des quadratischen Lochs, der Durchmesser des runden Lochs und die Grundseite und die Höhe des dreieckigen Lochs sind alle gleich lang.

47. Baumreihen

Im Jahre 1821 veröffentlichte der englische Mathematiklehrer John Jackson in London sein in der Unterhaltungsmathematik sehr bekanntes Buch *Rational Amusement for Winter Evenings; or, A Collection of above 200 Curious and Interesting Puzzles and Paradoxes relating to Arithmetic, Geometry, Geography, &c. with Solutions, and four*

Plates. Designed Chiefly for Young Persons. Trotz seines für den heutigen Geschmack etwas sperrigen Titels ist dieses Buch eines der besten Werke über den mathematischen Denksport aus der ersten Hälfte des 19. Jahrhunderts. In ihm erschienen erstmals die Baumreihenprobleme, die seitdem vielfach variiert wurden und sich zu einem Klassiker der Unterhaltungsmathematik entwickelt haben. John Jackson veröffentlichte in seinem Buch das Baumreihenproblem gleich in zehn verschiedenen Varianten, die er alle in Versform gebracht hatte. Hier ist das erste seiner Rätsel.[33]

Your aid I want, nine trees to plant
In rows just half a score;
And let there be in each row three.
Solve this: I ask no more.

Frei ins Deutsche übersetzt lautet die Aufgabe: Versuchen Sie, neun Bäume so in einen Garten zu pflanzen, dass sie zehn gerade Reihen bilden, in denen jeweils genau drei Bäume stehen. Ist das Problem überhaupt lösbar?

48. Das Münzsprungproblem

1858 erschien in New York ein Buch mit dem umständlichen Titel *The Sociable; or, One Thousand and One Home Amusements. Containing Acting Proverbs; Dramatic Charades; Acting Charades, or Drawing-room Pantomimes; Musical Burlesques; Tableaux Vivants; Parlor Games; Games of Action; Forfeits; Science in Sport, and Parlor Magic; and a Choice Collection of Curious Mental and Mechanical Puzzles; &c., &c.* Die Autoren des Buches werden nicht genannt, aber vermutlich stammt es von dem amerikanischen Dichter George Arnold und dem deutschen Zauberkünstler Wiljalba Frikell. In diesem Buch erschien erstmals das heutzutage im Denksport sehr bekannte Münzsprungproblem.[34]

Zehn Geldstücke liegen nebeneinander in einer Reihe auf dem Tisch. Sie sollen so umgelegt werden, dass am Ende fünf Stapel zu je zwei Münzen entstehen. Sie dürfen aber nicht völlig willkürlich verlegt werden. Eine Münze kann ihre Position nur ändern, indem sie zwei andere Münzen überspringt und dann auf einer einzelnen Münze landet. Diese übersprungenen Münzen brauchen nicht unbedingt nebeneinanderzuliegen, sondern sie dürfen auch aufeinanderliegen, oder es darf auch eine Lücke zwischen ihnen sein. Die Münze, auf der ein Geldstück landet, zählt nicht als übersprungen. Wie ist das Problem lösbar?

49. Die rollende Münze

Die Grande Dame unter den populärwissenschaftlichen Zeitschriften ist das in den USA erscheinende Magazin *Scientific American*. Es wurde von Rufus Porter gegründet und ist seit dem 28. August 1845 jeden Monat an den Kiosken erhältlich. Zwischen 1876 und 1919 erschien es sogar wöchentlich. Seit 1978 gibt es auch eine deutsche Ausgabe von *Scientific American* unter dem Titel *Spektrum der Wissenschaft*. Im Juniheft von 1867 erschien in der Zeitschrift ein Rätsel eines Lesers, dessen Name mit H. M. T. abgekürzt wurde.[35, 36]

Zwei gleiche Münzen, zum Beispiel 1-Euro-Stücke, liegen, wie es die Abbildung zeigt, auf dem Tisch. Die eine Münze wird festgehalten, und die andere Münze wird am Umfang der ersten um sie herumgerollt, bis sie wieder an ihrer Ausgangsposition liegt. Wie oft hat sich dabei die zweite Münze um sich selbst gedreht?

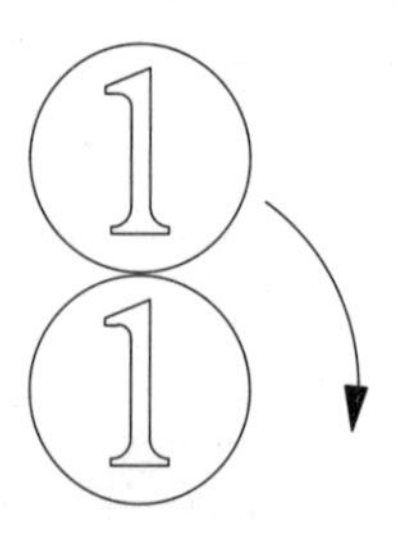

Dieses Rätsel provozierte einen Berg von Leserbriefen, in denen recht konträre Ansichten zum Ausdruck kamen. Im April 1868 kündigte der Herausgeber an, er würde das Thema fallen lassen, es aber in einer neuen monatlichen Zeitschrift mit dem Titel *The Wheel*, die sich ausschließlich mit diesem Problem befassen sollte, weiterführen. Es erschien auch tatsächlich eine Ausgabe dieser Zeitschrift mit Bildern von raffinierten Vorrichtungen, die Leser gebaut und an den Herausgeber geschickt hatten, um ihren Standpunkt zu beweisen.

50. Die Fähren

Eines der besten Werke des 19. Jahrhunderts über mathematische Denksportaufgaben ist das 1880 erschienene Buch *Mathematische Kurzweil*. Es wurde von dem Leipziger Schuldirektor Louis Mittenzwey geschrieben. Bis 1918 wurden sieben Auflagen davon gedruckt, und 1955 erschien noch eine von Bruno Rüger überarbeitete 8. Auflage. In diesem Buch kommt erstmals das Fährenproblem vor, das seither zu einem Denksportklassiker geworden ist.[37]

Eine Reederei betreibt eine Fährverbindung zwischen Hamburg und New York. Jeden Tag genau mittags um zwölf Uhr fährt ein Schiff aus Hamburg in Richtung New York ab. Sieben Tage später, wieder genau um zwölf Uhr mittags, legt die Fähre im New Yorker Hafen an. In umgekehrter Richtung, von New York nach Hamburg, fährt auch jeden Tag um zwölf Uhr mittags ein Schiff ab. Es braucht für die Ozeanüberquerung ebenfalls genau sieben Tage und kommt um zwölf Uhr in Hamburg an. Wie viele Fähren dieser Reederei trifft man während einer Überfahrt von Hamburg nach New York? Alle Angaben beziehen sich übrigens auf die Hamburger Ortszeit.

51. Die heilige Sieben

Im 18. und 19. Jahrhundert waren Denksportaufgaben in Versform sehr beliebt und weit verbreitet. Goethe, Schiller, Grillparzer, Hoffmann von Fallersleben und viele andere bekannte und unbekannte Dichter reimten Rätsel für ihre Leser. Auch viele mathematische Denksportaufgaben wurden in Verse gefasst. Das folgende Rätselgedicht veröffentlichte ein anonymer Autor 1884 in der Familienzeitschrift *Daheim*, die von 1864 bis 1943 im Verlag Velhagen & Klasing in Leipzig, Bielefeld und Berlin erschien.[38]

Eine Zahl hab' ich gewählt,
90 noch hinzugezählt,
drauf durch 18 dividiert,
wieder 18 dann addiert;
jetzt mit 3 multipliziert,
84 subtrahiert.
Und als Rest ist mit geblieben
dann zuletzt die heil'ge 7.

Wie heißt die Zahl?

52. Die vier Vieren

Die britische Zeitschrift *Knowledge: An Illustrated Magazine of Science, Plainly Worded – Exactly Described* erschien von 1881 bis 1914 in London. In einem Leserbrief, der am 30. Dezember 1881 darin veröffentlicht wurde und mit dem Pseudonym Cupidus Scientiae unterzeichnet war, ist erstmals das berühmte Problem der vier Vieren in der Literatur erwähnt.[39] Seitdem wurde es in zahllosen Zeitschriften und Büchern immer wieder abgedruckt und vielfach variiert.

Die Zahlen 1, 2, 3, 4, 5 usw. sollen durch jeweils genau vier Vieren dargestellt werden, es darf also keine Vier mehr, aber auch keine weniger benutzt werden. Zusätzlich können noch Pluszeichen, Minuszeichen, Malpunkte, Bruchstriche und Wurzelzeichen verwendet werden. Außerdem gilt die in der Mathematik übliche Regel «Punktrechnung geht vor Strichrechnung». So kann man die Zahl 7 beispielsweise als 44/4–4 schreiben.

Welches ist die kleinste Zahl, die sich auf diese Weise nicht ausdrücken lässt?

53. Die vertauschten Uhrzeiger

In Jahre 1869 gründete J.C.V. Hoffmann die *Zeitschrift für mathematischen und naturwissenschaftlichen Unterricht.* Ab dem Jahre 1874 gab es in ihr eine Kolumne *Aufgaben-Repertorium*, in der von Lesern Probleme aus allen Bereichen der Schulmathematik gestellt und auch gelöst wurden. Diese Kolumne war ein so großer Erfolg, dass Hoffmann 1898 ein Buch herausgab mit dem Titel *Sammlung der Aufgaben des Aufgaben-Repertorium*, das die Probleme der ersten fünfundzwanzig Jahrgänge der Zeitschrift enthielt. Das *Aufgaben-Repertorium* veröffentlichte auch zahlreiche Probleme der Unterhaltungsmathematik, so wie dieses, das 1884 erschien und aus der französischen Zeitschrift *Journal de mathématiques élémentaires et spéciales* übernommen wurde.[40]

Bei einer Uhr hat jemand heimlich Stunden- und Minutenzeiger gegeneinander vertauscht. Wenn man dies nicht weiß, müssen einem die meisten Zeigerstellungen unsinnig erscheinen. Um drei Uhr beispielsweise würden bei dieser Uhr der Stundenzeiger auf der 12 und der Minutenzeiger auf der 3 stehen. So eine Zeigerstellung kann aber bei einer normalen Uhr nicht vorkommen. Doch in einigen Fällen ist es möglich, dass, wenn auch meistens die falsche Zeit angezeigt wird, die Stellung der beiden Zeiger auch bei einer Uhr mit unvertauschten Zeigern auftreten könnte. Wie viele dieser Zeigerstellungen gibt es?

54. Die bunten Würfel

Der englische Mathematiker Charles Lutwidge Dodgson (1832–1898) ging unter dem Pseudonym Lewis Carroll in die Literaturgeschichte ein. Er war einerseits ein etwas langweiliger Dozent für Mathematik und Logik am Christ Church College in Oxford, aber andererseits einer der bekanntesten Vertreter der englischen Nonsens-Literatur. Das Buch *Alice im Wunderland* hatte er zunächst zur Unterhaltung für Kinder geschrieben; die erste Geschichte erhielt 1864 die kleine Tochter seines Dekans Alice Liddel. *Alice im Wunderland* gehört zu den Meisterwerken der Weltliteratur. *Alice hinter den Spiegeln* folgte 1872. Carroll setzte in ihnen bizarre Konstruktionen der Sprache ein, Wortspiele und logisch-semantische Paradoxien bis hin zu Nonsens-Partien. Seine Figuren und Zitate wurden nicht nur populär, sondern fanden auch Eingang in die philosophische Literatur. Carroll hat auch zahlreiche Denksportaufgaben entworfen und einige Bücher über Unterhaltungsmathematik geschrieben. Das folgende Problem, das er um 1890 entwarf, schickte er seinem alten Mathematiklehrer Bartholomew Price.[41]

Sie haben einen großen Stapel gleich großer Holzwürfel vor sich liegen und sollen deren Seitenflächen alle schwarz, weiß, rot, grün, blau oder gelb färben, und zwar so, dass bei jedem Würfel alle sechs Seiten verschiedenfarbig werden. Außerdem sollen die Würfel alle unterschiedlich aussehen, sodass die Verteilung der sechs Farben auf den Würfelflächen immer anders ist.

Wie viele Würfel lassen sich unter diesen Bedingungen färben?

55. Die Ahnen

Oskar Xaver Schlömilch wurde 1823 in Weimar geboren und starb 1901 in Dresden. Er studierte Mathematik und Physik in Jena, Berlin und Wien. Als Mathematikprofessor lehrte er an der Universität Jena und schließlich ab 1849 an der Königlich-Technischen

Bildungsanstalt Dresden. Er erarbeitete unter anderem die Schlömilch'sche Restglieddarstellung der Taylor-Entwicklung. In der *Zeitschrift für mathematischen und naturwissenschaftlichen Unterricht* veröffentlichte er viele Aufgaben der Unterhaltungsmathematik, so auch im Jahre 1889 das Ahnenproblem.[42]

Ich habe einen Vater und eine Mutter und somit zwei Vorfahren in der Generation vor meiner. Mein Vater und meine Mutter hatten auch jeder einen Vater und eine Mutter, also hatte ich vier Vorfahren in der Generation zwei vor meiner. Drei Generationen zurück hatte ich acht, vor vier Generationen sechzehn Ahnen. Die Anzahl N meiner Vorfahren in der n-ten Generation vor meiner beträgt also $N = 2^n$. Wenn der Abstand zwischen zwei Generationen 25 Jahre ist, so hatte ich vor 62 Generationen im Jahre 340 etwa 4,6 Trillionen direkte Vorfahren, das wäre ein Mensch auf jedem Quadratzentimeter der Erdoberfläche einschließlich der Meere gewesen. Dabei sind die Ahnen der anderen Menschen noch gar nicht berücksichtigt. Wie haben alle diese Leute Platz auf der Erde gefunden?

56. Der Weg des Hundes

Der Pariser Mathematikprofessor Charles-Ange Laisant (1841–1920) ärgerte sich Anfang des 20. Jahrhunderts maßlos über die Unterrichtsmethoden an den Schulen, die, wie er schrieb, die Kinder nur langweilen und quälen und ihnen die Lust am Lernen und die Freude an der Mathematik verleiden. Darum gab er 1906 ein alternatives Schulbuch heraus mit dem Titel *Initiation Mathématique*, das in vierundsechzig Kapiteln anschaulich, unterhaltsam und gewürzt mit Kuriositäten einen Querschnitt der Schulmathematik liefert. In diesem Buch ist erstmals die inzwischen schon klassische Rätselaufgabe des hin- und herlaufenden Hundes erwähnt.

Ein Mann bricht eines Morgens auf und wandert eine Landstraße mit einer Geschwindigkeit von 4 km/h entlang. Als er 8 km

Vorsprung hat, macht sich vom selben Ort aus ein zweiter Mann mit einer Geschwindigkeit von 6 km/h auf den Weg und versucht ihn einzuholen. Der zweite Mann hat einen Hund. Dieser läuft von seinem Herrn aus mit einer Geschwindigkeit von 15 km/h zu dem ersten Mann und wieder zurück. Nun pendelt er so lange zwischen den beiden Männern hin und her, bis der zweite Mann den ersten eingeholt hat. Wie viele Kilometer ist der Hund gelaufen?

57. Der Bücherwurm

Sam Loyd, Amerikas berühmtester Rätsel- und Spieleerfinder, wurde 1841 in Philadelphia geboren. Er war ein guter Schachspieler und nahm an dem internationalen Turnier bei der Weltausstellung in Paris 1867 teil. Doch machte er sich einen bleibenden Namen vor allem als Komponist von Schachproblemen, die er in Fachzeitschriften veröffentlichte. Nach 1870 verlor er allmählich das Interesse am Schachspiel und widmete sich von nun an dem Erfinden mathematischer Denkspiele und origineller Werbegeschenke. Von seinem Puzzle *Die Trickesel* wurden in wenigen Wochen mehrere Millionen Exemplare verkauft; Loyd verdiente daran viele tausend Dollar. Eines seiner berühmtesten Denkspiele ist das 14–15-Schiebepuzzle, das auch heute noch in allen Spielzeuggeschäften erhältlich ist. Ab 1890 schrieb er für etliche Zeitschriften regelmäßige Rätselkolumnen. Loyd starb 1911 in New York. Vier Jahre nach seinem Tod gab sein Sohn, der auch Sam hieß, die Rätsel seines Vaters in einem Buch mit dem Titel *Cyclopedia of 5000 Puzzles, Tricks and Conundrums*[43] heraus. Aus diesem Klassiker des Denksports stammt das folgende Problem:

Ein Bücherfreund kauft sich ein neues zweibändiges Werk. Er schlägt den Einbanddeckel des ersten Bandes auf, schreibt seinen Namen auf das Vorsatzblatt, schließt das Buch wieder und stellt beide Bände ordnungsgemäß in sein Regal. Beim Schreiben des Namens ist unbemerkt ein Bücherwurm (Ptinus brunneus) zwischen

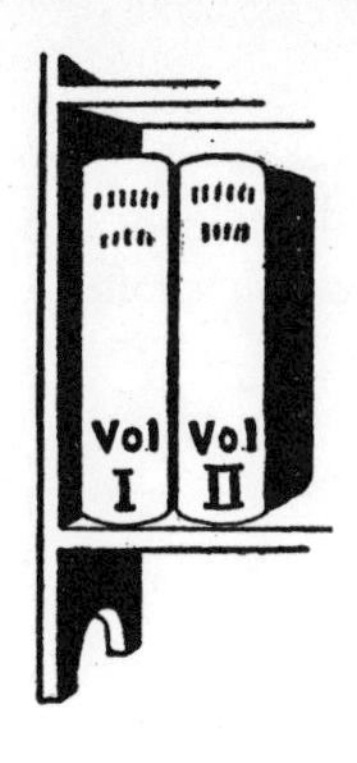

den Einbanddeckel und die erste Seite gefallen. Der Wurm beginnt sofort zu nagen. Er braucht zum Durchfressen eines Blattes eine Minute und eines Einbanddeckels eine Stunde. Der erste Band hat hundert und der zweite hundertundfünfzig Seiten. Wie lange braucht der Bücherwurm, bis er auf den hinteren Einbanddeckel des zweiten Bandes stößt?

58. Das Halskettenproblem

Das Halskettenproblem ist ein weiteres Rätsel aus Sam Loyds *Cyclopedia of 5000 Puzzles, Tricks and Conundrums.*

Eine Frau kauft bei einem Juwelier die zwölf Stücke einer goldenen Kette, die als Rahmen in der Zeichnung zu sehen sind. Sie möchte sich aus den insgesamt hundert Gliedern eine geschlossene Halskette machen lassen. Der Juwelier sagt ihr, dass das Aufschneiden und nachfolgende Schließen eines kleinen Kettengliedes 15 Cent kostet und eines großen Kettengliedes 20 Cent. Wie viel Geld muss die Frau für die Juweliersarbeit bezahlen?

59. Der Sternenhimmel

Auch die folgende Aufgabe stammt von Sam Loyd und wurde in seiner *Cyclopedia of 5000 Puzzles, Tricks and Conundrums* veröffentlicht.

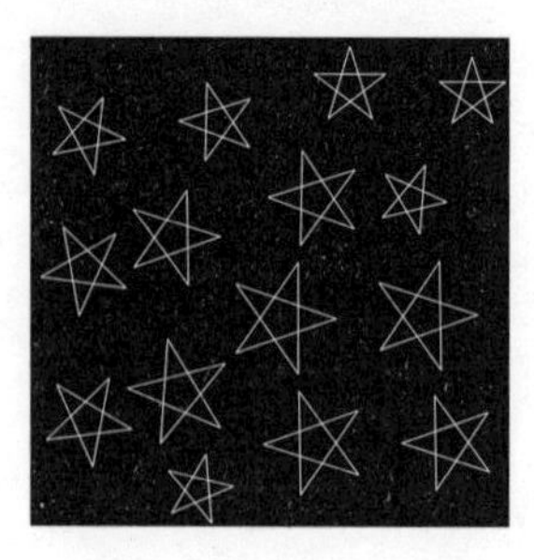

Ist es möglich, in den Sternenhimmel noch einen zusätzlichen Stern zu zeichnen, der größer ist als alle anderen Sterne, aber genau die gleiche Form hat? Der Stern darf keine Linie eines anderen Sterns schneiden und auch nicht über die schwarze Fläche hinausragen.

60. Die Zerstörung der Quadrate

Siebzehn Jahre nach Sam Loyds Tod gab sein Sohn noch ein zweites Buch mit Rätseln seines Vaters heraus. Es trug den Titel *Sam Loyd and His Puzzles: An Autobiographical Review*. In diesem Buch findet man ein kniffliges Streichholzproblem.[44]

Vierzig Streichhölzer sind zu einem Netz von Quadraten ausgelegt worden. Ihre Aufgabe ist es, aus diesem Muster einige Streichhölzer zu entfernen, sodass die Konturen aller Quadrate zerstört werden. Alle Quadrate bedeutet nicht nur die sechzehn Quadrate mit einem Streichholz Seitenlänge, sondern auch die neun Quadrate mit zwei, die vier mit drei und das eine mit vier Hölzern Seitenlänge. Im Ganzen sind also dreißig Quadrate zu zerstören. Versuchen Sie, die Aufgabe zu lösen, indem Sie möglichst wenige Streichhölzer fortnehmen. Wie viele und welche Hölzer müssen mindestens entfernt werden?

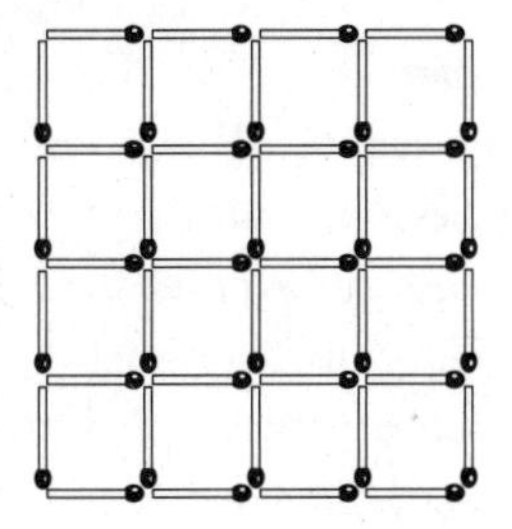

61. Das rechtwinklige Zwölfeck

In seinem Buch *Curiosités Géométriques*, das erstmals 1907 in Paris erschienen ist, stellt der französische Mathematiker Emile Fourrey Rätsel und Kuriositäten der ebenen und räumlichen Geometrie vor. Eine der Aufgaben dieses Buches ist das folgende kleine Problem.[45]

Können bei einem gleichseitigen, ebenen Zwölfeck alle benachbarten Seiten rechtwinklig aufeinanderstoßen? Wenn nein, warum nicht?

62. Was it a rat I saw?

Henry Ernest Dudeney war wohl der bedeutendste Rätselerfinder, der jemals lebte. Es gibt heute kaum ein Denksportaufgabenbuch, das nicht Dutzende seiner Probleme enthält. Dudeney wurde am 1. April 1857 in Mayfield in England als Sohn eines Dorfschullehrers geboren. Er besuchte niemals eine Universität und erwarb seine sehr guten Mathematikkenntnisse ausschließlich autodidaktisch. Dudeney entwarf über Jahrzehnte für zahlreiche Zeitungen und Magazine regelmäßig Denksportprobleme. Eine Zeit lang arbeitete Dudeney auch mit dem großen amerikanischen Rätselerfinder

Sam Loyd zusammen, und die beiden schrieben eine gemeinsame Kolumne. 1884 heiratete er, und seine Frau, eine erfolgreiche Romanautorin, trug viel zum Familieneinkommen bei. Dudeney fasste die meisten seiner Rätsel später auch zu Büchern zusammen, die immer wieder neu aufgelegt wurden und zum Teil auch heute noch erhältlich sind. Dudeney starb am 24. April 1930 in Lewes in England. In seinem Buch *The Canterbury Puzzles*,[46] das 1907 in London erschien, findet man ein Palindromrätsel:

Auf wie vielen verschiedenen Wegen kann ein König auf diesem seltsam geformten Schachbrett den Satz WAS IT A RAT I SAW (War es eine Ratte, die ich sah) nachziehen? Selbstverständlich darf der König nur die beim Schachspiel üblichen Züge machen.

						W						
					W	A	W					
				W	A	S	A	W				
			W	A	S	I	S	A	W			
		W	A	S	I	T	I	S	A	W		
	W	A	S	I	T	A	T	I	S	A	W	
W	A	S	I	T	A	R	A	T	I	S	A	W
	W	A	S	I	T	A	T	I	S	A	W	
		W	A	S	I	T	I	S	A	W		
			W	A	S	I	S	A	W			
				W	A	S	A	W				
					W	A	W					
						W						

63. Martinsgänse

Auch diese Aufgabe stammt aus Henry Ernest Dudeneys Buch *The Canterbury Puzzles*.

Kurz vor dem Sankt-Martins-Tag hatte ein Bauer eine Schar Gänse zum Markt getrieben. Dem ersten Kunden verkaufte er die halbe Schar und noch eine halbe Gans. Der zweite Kunde nahm von den verbliebenen Gänsen ein Drittel und noch eine drittel Gans. Der dritte Kunde kaufte ein Viertel der restlichen Gänse und eine dreiviertel Gans. Der letzte Kunde erstand schließlich ein Fünftel vom Rest und eine fünftel Gans. Dem Bauern blieben am Abend noch neunzehn Gänse übrig, die er wieder nach Hause trieb. So blutrünstig seine Geschäfte auch klingen, er musste dennoch dabei kein Tier töten und zerteilen. Wie viele Gänse hatte er am Morgen?

64. Send more money

In der Unterhaltungsmathematik versteht man unter einem Kryptogramm oder einer Alphametik eine korrekte Rechnung, bei der die Zahlen durch Wörter ersetzt worden sind. Jeder Buchstabe steht dabei für eine Ziffer. Gleiche Buchstaben bedeuten auch gleiche Ziffern und verschiedene Buchstaben stehen für verschiedene Ziffern. So könnte beispielsweise AACHEN für die Zahl 550 129 stehen, nicht aber für 312 280. Die ersten einfachen Kryptogramme entstanden zwischen 1864 und 1920. 1924 schließlich veröffentlichte Henry Ernest Dudeney im *Strand Magazine* sein Send-more-money-Problem, das wohl bekannteste aller Kryptogramme.[47]

Ein Student schickt seinem Vater eine Postkarte, auf der nur steht:

```
   S E N D
 + M O R E
 ---------
 M O N E Y
```

Wie viel Pfund möchte der Sohn von seinem Vater haben?

65. Die Farbe des Bären

1917 veröffentlichte F. A. Foraker in der amerikanischen Zeitschrift *Education* eine Reihe von Knobelaufgaben.[48] Eine davon, das Bärenproblem, hat sich seitdem zu einem Klassiker des Denksports entwickelt.

Ein Jäger bricht eines Morgens auf und wandert zehn Kilometer nach Süden. Dann ändert er seine Richtung und geht zehn Kilometer nach Osten. Dort biegt er nochmals ab, läuft nun zehn Kilometer nach Norden und gelangt zu seinem Ausgangspunkt zurück. Hier schießt er einen Bären. Welche Farbe hat der Bär?

Foraker gab in *Education* für seine Rätsel keine Lösungen an. Die älteste bekannte Lösung des Bärenproblems erschien erst 1944 in der Zeitschrift *American Mathematical Monthly* und stammt von E. J. Moulton.[49]

66. Falsches Wurzelziehen

Wilhelm Ernst Martin Georg Ahrens wurde am 3. März 1872 in Lübz an der Elde in Mecklenburg geboren. Er studierte Mathematik und Naturwissenschaften in Rostock, Berlin, Freiburg und Leipzig. Nach seinem Studium unterrichtete Ahrens einige Jahre an Schulen in Antwerpen und Magdeburg, bevor er um 1910 nach Rostock zog, um sich als Privatgelehrter ausschließlich seiner schriftstellerischen Arbeit zu widmen. Am 23. April 1927 starb Wilhelm Ahrens an den Folgen einer Grippe im Alter von nur 55 Jahren. Ahrens war einer der Ersten, die die Unterhaltungsmathematik wissenschaftlich untersuchten und ihre Geschichte und ihre mathematischen Zusammenhänge veröffentlichten. Sein großes Werk *Mathematische Unterhaltungen und Spiele* erschien zuerst 1901 und dann in einer zweibändigen, stark erweiterten zweiten Auflage 1910 und 1918. Es zählt noch heute zu den Standardwerken der Unterhaltungsmathematik und ihrer Geschichte. Sein zweites wichtiges Werk zu diesem Thema ist das 1918 erschienene Buch *Altes und Neues aus der Unterhaltungsmathematik*, aus dem die folgende Aufgabe stammt:[50]

Zieht man bei der Wurzel, unter der die gemischte Zahl $5\,^5\!/_{24}$ steht, die ganze Zahl 5 vor das Wurzelzeichen, ist das Rechenverfahren zwar falsch, das Ergebnis aber trotzdem richtig.

$$\sqrt{5\frac{5}{24}} = 5 \cdot \sqrt{\frac{5}{24}}$$

Gibt es noch weitere gemischte Zahlen, aus denen man auf diese falsche Weise die Wurzel teilweise ziehen kann und dabei dennoch ein richtiges Ergebnis erhält?

67. Der Streichholzhund

Der Naturforscher Sophus Tromholt wurde 1851 in Husum geboren und starb 1896. Er lebte fünfzehn Jahre lang in Norwegen und untersuchte dort als einer der ersten Wissenschaftler systematisch die Polarlichter. Tromholt war aber auch ein großer Liebhaber des Denksports. 1889 schrieb er das erste Buch, das jemals über Streichholzrätsel verfasst wurde. Es hatte den Titel *Streichholzspiele*,[51] wurde ein großer Erfolg und ist sogar noch heute im Buchhandel erhältlich. Bei einer seiner Aufgaben sollte aus einem schwermütigen Schwein ein neugieriges gemacht werden. Um 1920 bemerkte ein unbekannter japanischer Rätselfreund, welches Potenzial in dieser Schweineaufgabe steckte, und formulierte sie zu einer Hundeaufgabe um.[52]

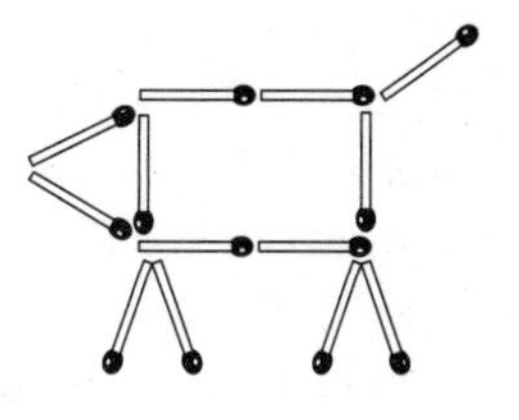

Aus dreizehn Streichhölzern kann man das Bild eines Hundes legen, der mit erhobenem Schwanz nach links läuft. Ist es möglich, nur zwei Hölzer umzulegen, damit der Hund anschließend nach rechts schaut? Die Aufgabe wäre leicht zu lösen, wenn der Hund nach dem Verlegen der Streichhölzer den Schwanz gesenkt halten dürfte. Aber das ist nicht erlaubt.

68. Das Streichholzquadrat

Anfang des 20. Jahrhunderts kamen einige Streichholzhersteller auf die Idee, Schachteln und Rätsel zu kombinieren, und sie druckten Streichholzpuzzle auf ihre Streichholzschachteln. Um 1930 stellte die britische Firma R. Bell & Co. eine Serie Schachteln mit achtzehn verschiedenen Streichholzrätseln für ihre *Scottish Bluebell Matches* her. Nummer 9 dieser Serie ist eine Aufgabe, die unlösbar zu sein scheint:[53]

Vier Streichhölzer liegen so auf dem Tisch, wie es die Abbildung zeigt. Nur ein einziges Streichholz soll nun so verschoben werden, dass die Hölzer anschließend ein Quadrat bilden.

69. Wem die Stunde schlägt

Der Engländer Tom King schrieb in den Zwanziger- und Dreißigerjahren des letzten Jahrhunderts einige Bücher über Gesellschaftsspiele und Denksportaufgaben. Aus seinem um 1930 in London erschienenen Buch *The Best 100 Puzzles* stammt das folgende kleine Rätsel.[54]

Eine Kirchturmuhr braucht acht Sekunden, um acht Uhr zu schlagen. Wie lange braucht sie, um zwölf Uhr zu schlagen?

70. Zigarettenkippen

Morley Punshon Adams wurde 1876 in Ipswich in England geboren. Er arbeitete zunächst als Zivilangestellter bei der Armee, bevor er Journalist und Schriftsteller wurde. Er schrieb zahlreiche Bücher, vor allem für Kinder und Jugendliche, über Rätsel, Spiele und andere Freizeitbeschäftigungen. Gemeinsam mit dem Zeichner Cyril Cowell gab er die viele Jahre laufende Comic-Serie *Adam the Gardner* im *Sunday Express* heraus. Adams arbeitete auch für den Rundfunk. Er schrieb für die BBC die Texte der Sendereihen *Puzzle Corner*, *Ask the Basket* und *Limerick Race*. Adams war es auch, der die 1913 erfundenen Kreuzworträtsel in England populär machte. Er gründete sogar eine eigene Firma, die Morley Adams Ltd., die Zeitungen und Zeitschriften mit Kreuzworträtseln und anderen Denksportaufgaben belieferte. Adams starb am 31. Januar 1954.

In seinem 1931 in London erschienenen Buch *Puzzles That Everyone Can Do* erschien erstmals das Zigarettenkippenproblem, das seitdem zu einer der bekanntesten Denksportaufgaben überhaupt geworden ist.[55]

In den schlechten Zeiten direkt nach dem Ersten Weltkrieg waren Zigaretten rar und wertvoll. Sie hatten zeitweilig sogar den Charakter einer Währung, mit der man alle Güter des täglichen Lebens bezahlen konnte. Mr Scrooge war ein armer Mann und ging sehr sparsam mit seinen Zigaretten um. Aus den Kippen der gerauchten Zigaretten pulte er den Tabak heraus und konnte sich so aus jeweils fünf Kippen wieder eine neue Zigarette drehen. Wie viele Zigaretten konnte Mr Scrooge insgesamt rauchen, als er einmal zum Geburtstag hundertfünfundzwanzig Zigaretten geschenkt bekam?

71. Das Münzdreieck

Ein anderer Denksportklassiker, das Problem des Münzdreiecks, erschien erstmals in Morley Punshon Adams' Buch *The Morley Adams Puzzle Book* aus dem Jahre 1939.[56]

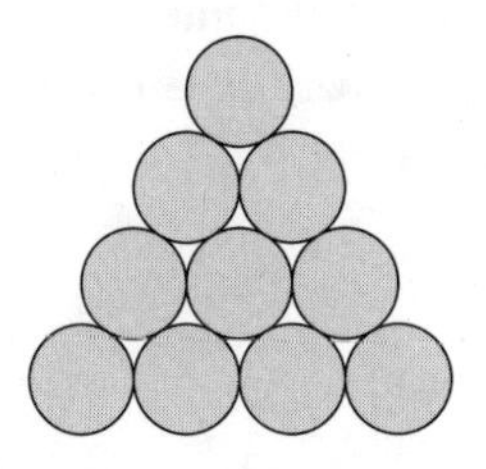

Zehn Münzen sind zu einem Dreieck ausgelegt worden, das mit der Spitze nach oben zeigt. Durch Verschieben von so wenigen Münzen wie möglich soll das Dreieck auf den Kopf gestellt werden, sodass anschließend die Spitze nach unten zeigt.

72. Ruß auf der Stirn

1932 schrieb Hubert Phillips in seinem Buch *The Week-End Problems Book:*[57] Zwei Jungen klettern auf einen Schuppen. Plötzlich lösen sich einige Ziegel, und die Jungen fallen vom Dach. Als sie wieder aufstehen, hat einer Ruß im Gesicht, während das Gesicht des anderen sauber ist. Da geht der mit dem sauberen Gesicht zu einem Bach und wäscht es sich. Warum?

Der Mathematiklehrer Werner E. Buker aus Pittsburgh verbesserte die Aufgabe und veröffentlichte sie 1935 in der Zeitschrift *School Science and Mathematics* in folgender Form:[58] Ein König hat drei Gefangene. Eines Tages geht er in den Kerker, tippt jedem seiner Gefangenen einmal auf die Stirn und sagt dann: «Mindestens einer von euch hat jetzt einen Rußfleck. Wer mir richtig sagt, ob seine Stirn rußig ist oder nicht, den lasse ich frei.» Die Gefangenen haben keinen Spiegel und dürfen sich auch nicht unterhalten.

Noch im selben Jahr verallgemeinerte der Amerikaner Albert Arnold Bennett in der Zeitschrift *American Mathematical Monthly* das Problem weiter.[59, 60] Jetzt hat der König 100 hochintelligente Gefangene und tippt jedem auf die Stirn. Mindestens einer hat anschließend einen Rußfleck. Diesmal wird über mehrere Runden gespielt. Wenn sich nach einer Minute niemand gemeldet hat, eröffnet der König die nächste Runde und stellt wieder die gleiche Frage. In welcher Runde melden sich die Gefangenen mit den Rußflecken?

73. Die Kubikzahlentreppe

Die erste Zeitschrift, die ausschließlich Artikel und Aufgaben zur Unterhaltungsmathematik veröffentlichte, war das belgische Magazin *Sphinx*, das den Untertitel *Revue Mensuelle des Questions Récréatives* trug. Es erschien monatlich von 1931 bis 1939 in Brüssel und wurde von dem in Russland geborenen belgischen Mathematiker und Elektroingenieur Maurice Borissowitsch Kraitchik (1882–1957) herausgegeben. Das Magazin und ihr Herausgeber organisierten sogar zwei internationale Kongresse zur Unterhaltungsmathematik. Der erste Kongress fand 1935 in Brüssel und der zweite 1937 in Paris statt. Die Vorträge erschienen anschließend auch in der *Librarie de Sphinx*. Einer der fleißigsten Leser der *Sphinx* war ein Herr Pigeolet aus Antwerpen, der Dutzende von mathematischen Knobeleien an die Zeitschrift schickte. Im Januar 1933 erschien in der *Sphinx* sein Kubikzahlenrätsel.[61]

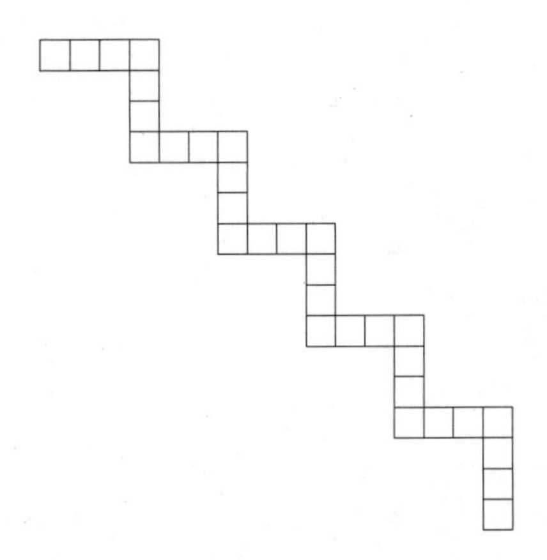

Schreiben Sie in jedes Feld eine Ziffer, sodass eine Treppe aus zehn verschiedenen vierstelligen Kubikzahlen entsteht. Die Zahlen werden alle entweder von links nach rechts oder von oben nach unten gelesen, und keine von ihnen beginnt mit einer Null.

74. Moses auf dem Berg Sinai

Der Psychologe Karl Duncker wurde 1903 in Leipzig geboren. Die Nazis verboten ihm die Habilitation, weil sein Vater Kommunist war. Deshalb emigrierte er 1935 in die USA. Dort starb er 1940 im Alter von nur 37 Jahren. Duncker war einer der zentralen Vertreter der Gestalttheorie. Er veröffentliche bedeutende Arbeiten zum produktiven Denken und zu schöpferischen Problemlösungsprozessen, zur Kritik des Behaviorismus, zur Phänomenologie der Gefühle und Empfindungen und zur Psychologie der Ethik. Doch auch zum Denksport hat er einiges beigetragen. Aus seinem 1935 in Berlin erschienenen Buch *Zur Psychologie des produktiven Denkens* stammt folgendes Rätsel:[62]

Eines Tages begann Moses bei Sonnenaufgang, auf den Berg Sinai zu steigen. Er ging unterwegs mal schnell und mal langsam und machte in unregelmäßigen Abständen Pausen. Bei Sonnenuntergang erreichte er den Gipfel. Am nächsten Morgen bei Sonnenaufgang begann er den Abstieg. Er nahm denselben Weg wie beim Aufstieg, ging wieder völlig unregelmäßig und machte häufig Pausen. Bei Sonnenuntergang erreichte er den Fuß des Berges. Kann es sein, dass Moses auf dem Rückweg zu einer bestimmten Uhrzeit an einem Ort war, wo er zur genau gleichen Uhrzeit auch am Vortag gewesen war?

75. Die Wanderung um den Kegel

Der große polnische Mathematiker Hugo Dionizy Steinhaus wurde 1887 in Jassel, im heutigen Polen, geboren. Er studierte bei David Hilbert in Göttingen Mathematik und war ab 1920 Professor an der Universität von Lemberg. 1972 starb er in Breslau. Steinhaus misstraute zeitlebens den Lehrern und fand, dass es zu wenige interessante Mathematikbücher für die Jugend gab. Darum schrieb er 1938 ein Buch mit dem Titel *Kalejdoskop Matematyczny*, das ein äußerst unterhaltsamer Streifzug durch alle Gebiete der Mathematik ist. Es gab damals kaum vergleichbare Werke, und so wurde es in ein Dutzend Sprachen übersetzt und ist in einigen Ländern noch heute erhältlich. In Deutschland erschien es erstmals 1959 unter dem Titel *Kaleidoskop der Mathematik*. Aus diesem Buch stammt das folgende, leicht veränderte Rätsel:[63]

Auf einem Kegel, dessen kreisförmige Grundfläche einen Durchmesser von 10 cm und dessen Flanke eine Länge von 20 cm hat, sitzt auf halber Höhe eine Spinne. Sie krabbelt einmal um den Kegel herum und gelangt wieder zu ihrem Ausgangspunkt zurück. Dabei muss ihr Abstand von der Kegelspitze nicht unbedingt immer gleich bleiben. Zufällig hat sie den kürzestmöglichen Weg genommen. Wie lang ist dieser Weg?

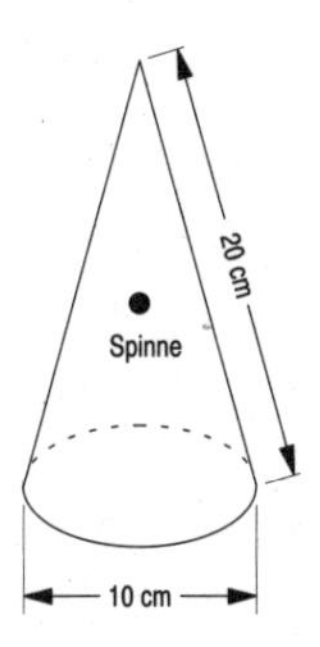

76. Kongruente Dreiecke

Der Mathematiker Ulrich Graf (1908–1954) war Professor an der Technischen Hochschule in Danzig. Bekannt wurde er vor allem durch sein Buch über *Darstellende Geometrie*, das er 1937 veröffentlichte und das zum Standardlehrbuch wurde. Bis 1991 erschien es in insgesamt zwölf Auflagen. Ulrich Graf hat auch ein schmales, aber wunderschönes Büchlein über die Unterhaltungsmathematik geschrieben, das 1942 in Dresden erschien. Es hat den Titel *Kabarett der Mathematik* und enthält mathematische Kuriositäten, Spielereien und Rätsel, aber auch Gedichte und Aphorismen über Mathematik. Bei einem der Rätsel dieses Buches geht es um Sätze der ebenen Geometrie, wie sie im Schulunterricht der siebten Klasse gelehrt werden.[64]

Jedes Dreieck hat sechs Bestimmungsgrößen: drei Seiten und drei Winkel. In vielen Geometriebüchern kann man lesen, dass zwei Dreiecke kongruent, das heißt deckungsgleich oder Spiegelbilder voneinander sind, wenn entweder zwei Winkel und eine Seite oder ein Winkel und zwei Seiten oder alle drei Seiten gleich sind. Kann es Dreiecke geben, bei denen die Werte von fünf Bestimmungsgrößen übereinstimmen und die trotzdem nicht kongruent sind?

77. Das Achteck im Quadrat

Der Wiesbadener Mathematiker Heinrich Dörrie schrieb im letzten Jahrhundert zwei große Aufgabensammlungen, die auch viele Probleme der Unterhaltungsmathematik enthalten. Das erste Buch trägt den Titel *Triumph der Mathematik: Hundert berühmte Probleme aus zwei Jahrtausenden mathematischer Kultur* und erschien 1933 in Breslau. Das zweite Buch veröffentlichte er zehn Jahre später, mitten im Zweiten Weltkrieg, auch in Breslau. Es heißt *Mathematische Miniaturen* und enthält 403 mathematische Probleme aus vielen Jahrhunderten und aus allen Bereichen der Mathematik. Aus diesem zweiten Buch stammt die folgende Aufgabe:[65]

Verbindet man jede Ecke eines Quadrates jeweils mit den Mittelpunkten der beiden nicht angrenzenden Seiten, so bilden diese Verbindungslinien im Inneren des Quadrates ein gleichseitiges Achteck. Wie groß ist der Flächeninhalt des Achtecks, wenn das Quadrat eine Seitenlänge von sechs Zentimetern hat?

78. Das zerstörte Schachbrett

Der Philosoph Max Black wurde 1909 in Baku, der Hauptstadt Aserbaidschans, geboren und wuchs in England auf. Er studierte Philosophie und Mathematik in Cambridge und in Göttingen. 1940 übersiedelte er in die USA und nahm Professuren für Philosophie an, zuerst in Urbana, danach in New York. Black veröffentlichte wichtige Arbeiten zur Philosophie der Sprache, der Mathematik, der Naturwissenschaften und der Kunst. Er starb 1988 in Ithaca (USA). In seinem 1946 veröffentlichten Buch *Critical Thinking* findet man auch eine ganze Reihe kniffliger mathematischer Denksportaufgaben. Dort erscheint auch erstmals das inzwischen sehr bekannte Problem des zerstörten Schachbretts.[66]

Bei einem Schachbrett sind zwei sich diagonal gegenüberliegende Eckfelder herausgesägt worden. Wie viele verschiedene Möglichkeiten gibt es, mit 31 Dominosteinen, die jeweils die Größe von genau zwei Schachfeldern haben, die übrig gebliebenen 62 Felder vollständig zu bedecken?

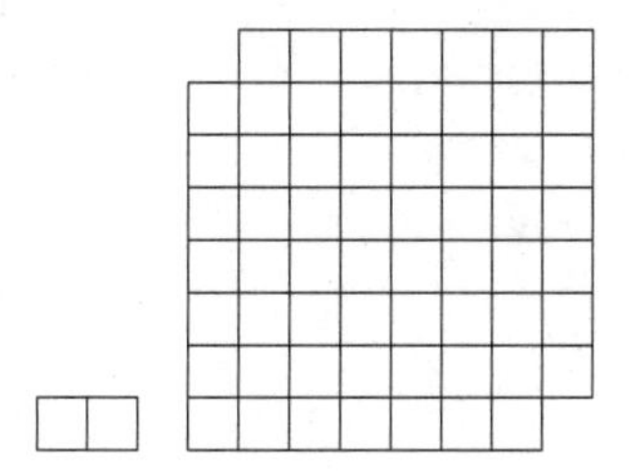

79. Die defekte Waage

Nobuyuki Yoshigahara war Japans bedeutendster Puzzle- und Rätselerfinder. Er wurde am 27. Mai 1936 geboren und arbeitete zunächst als Chemiker und später, nach einem Laborunfall, als Mathematiklehrer. Er verfasste mehr als 70 Bücher über Denksportaufgaben und schrieb zahlreiche Rätselkolumnen, zeitweilig waren es siebzehn pro Monat. Yoshigahara erfand zahllose mechanische Puzzle, von denen viele auch von Spielzeugherstellern produziert und vertrieben werden. Er verbesserte die Mechanik vom Rubiks 4×4×4-Cube, und er besaß eine der größten Puzzlesammlungen der Welt. Nobuyuki Yoshigahara war einer der Begründer der International Puzzle Party, bei der sich einmal jährlich die Puzzleexperten der Welt treffen. Yoshigahara starb am 19. Juni 2004.

Seine Karriere als Rätselerfinder begann er 1946 als Zehnjähriger, als er sich eine Knobelaufgabe ausdachte, sie an eine Zeitung für Kinder sandte und einen Preis damit gewann. Diese Geschichte und das Rätsel findet man in Yoshigaharas Buch *Chocho Nanmon Suri Pazuru*, das 2002 in Tokio erschien.[67]

Eine Balkenwaage ist vom Tisch gefallen. Dadurch hat sich der Waagebalken verschoben, sodass er sich nicht mehr um seinen Mittelpunkt dreht. Man kann nicht genau erkennen, wie weit sich der Balken verschoben hat, und es gibt auch keine Möglichkeit, ihn wieder zu justieren. Neben der Waage liegen zwei Gewichtsstücke von je 500 Gramm. Kann man mit dieser defekten Balkenwaage und den beiden Gewichtsstücken trotzdem aus einem Sack Zucker genau ein Kilogramm abwägen? Weitere Hilfsmittel stehen nicht zur Verfügung.

80. Das Dekomino

In Nobuyuki Yoshigaharas Buch *Chocho Nanmon Suri Pazuru* findet man auch ein hübsches kleines Polyominoproblem.

Pentominos bestehen aus jeweils fünf gleichen Quadraten, die an den Kanten miteinander verbunden sind. Es gibt insgesamt zwölf verschiedene Pentominos, wobei gedrehte und gespiegelte Figuren als gleich gezählt werden.

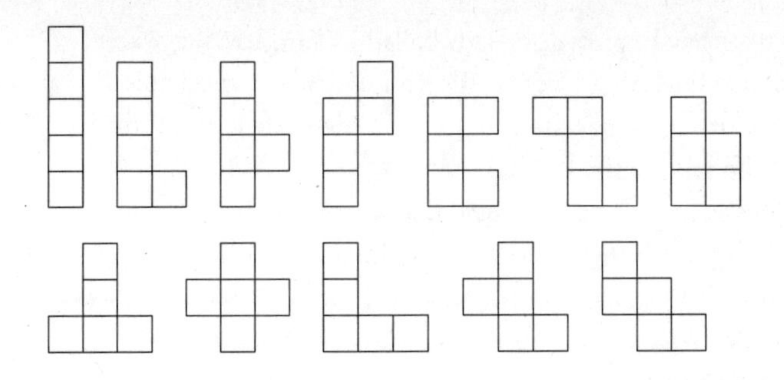

Nach dem gleichen Prinzip sind auch die Dekominos aufgebaut. Sie bestehen aus jeweils zehn Quadraten, und es gibt insgesamt 4655 verschiedene von ihnen. Versuchen Sie, das folgende Dekomino aus zwei Pentominos zusammenzusetzen. Die Pentominos dürfen dabei auch umgeklappt werden, sodass sie zu ihrem Spiegelbild werden. Wie viele verschiedene Lösungen gibt es?

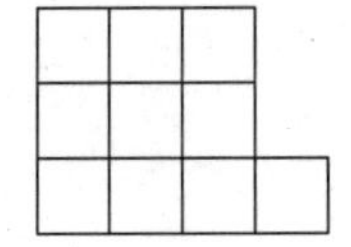

81. Die Summe der Quersummen

Leo Moser wurde 1921 in Wien geboren, wuchs aber in Kanada auf. Er studierte dort Mathematik und hatte seit 1951 eine Professur an der Universität von Alberta. Moser kannte sich in vielen Gebieten der Mathematik hervorragend aus, veröffentlichte über hundert wissenschaftliche Arbeiten und galt als einer der besten Lehrer, welche die Universität von Alberta jemals hatte. Er war ein ausgezeichneter Schachspieler, Magier und Erfinder von Denksportaufgaben. Leo Moser starb 1970 im Alter von nur 49 Jahren. 1950 veröffentlichte er in der Zeitschrift *Scripta Mathematica* einen mathematischen Limerick.[68]

Once a bright young lady called Lillian,
Summed the NUMBERS from one to a billion.
But it gave her the «fidgits»
To add up the DIGITS.
If you can help her, she'll thank you a million.

Die Quersumme einer Zahl ist die Summe ihrer Ziffern. So hat beispielsweise die Quersumme von 1955 den Wert $1+9+5+5=20$. Wie groß ist nun die Summe der Quersummen aller ganzen Zahlen von eins bis einer Milliarde?

82. Puzzlespiele

1953 veröffentlichte Rätsel Leo Moser in der Zeitschrift *Mathematics Magazine* ein hübsches Rätsel über Puzzlespiele.[69]

Bei einem gewöhnlichen Puzzle müssen fünfhundert, tausend oder allgemein n Pappstückchen zu einem Bild zusammengesetzt werden. Dabei kann man verschiedene Strategien benutzen: Zum Beispiel kann man das Bild reihenweise aufbauen, oder man kann zuerst Blöcke bilden und diese nachher zusammensetzen, oder man kann auch zuerst den Rand aufbauen und sich dann von außen nach innen arbeiten. Das Zusammensetzen zweier Teile soll als ein Zug bezeichnet werden. Dabei müssen die Teile nicht unbedingt einzelne Pappstückchen, es können auch ganze Blöcke aus mehreren Einzelelementen sein. Welche Strategie muss man beim Zusammenbau des Puzzles verfolgen, um möglichst wenige Züge zu benötigen? Wie viele Züge braucht man mindestens für ein tausendteiliges Puzzle?

83. Das verschwundene Quadrat

Zerschneidet man eine ebene Figur und setzt die Teile zu einer anderen Form wieder zusammen, sollte sich der Flächeninhalt dadurch nicht verändert haben. Der Erste, der aus dieser doch so selbstverständlichen Tatsache ein Rätsel machte, war William Hooper. Im vierten Band seines 1774 in London erschienenen Werkes *Rational Recreations* vergrößerte ein in vier Teile zerlegtes Rechteck seinen Flächeninhalt anscheinend durch das Zusammensetzen zu einem Sechseck.[70] Der Trick dabei war jedoch leicht zu durchschauen.

Eine deutlich raffiniertere Version des Hooper'schen Vergrößerungsrätsels entwarf 1953 der New Yorker Amateurmathematiker Paul Curry.[71] Er zerschnitt ein rechtwinkliges Dreieck, das einen Flächeninhalt von 32,5 Quadrateinheiten hatte, in zwei Dreiecke und zwei L-förmige Sechsecke. Nachdem er sie auf eine etwas andere Weise zum gleichen rechtwinkligen Dreieck wieder zusammengesetzt hatte, blieb eine kleine quadratische Lücke in der Figur frei. Wohin war dieses Quadrat verschwunden?

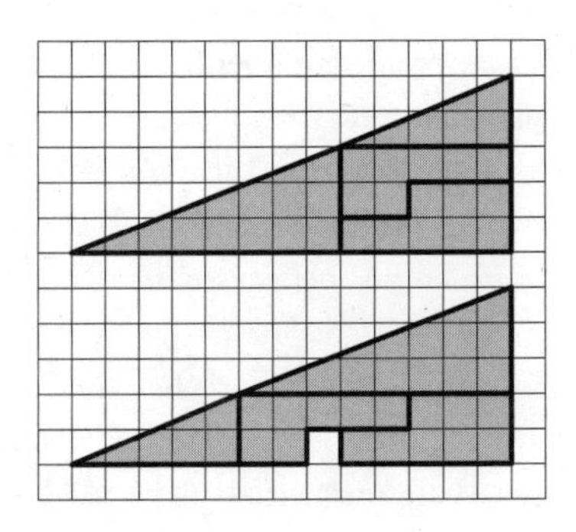

84. Faktoren ohne Null

Im Februar 1961 erschien die erste Ausgabe der Zeitschrift *Recreational Mathematics Magazine*, die sich ausschließlich mit der Unterhaltungsmathematik befasste. Sie wurde von dem amerikanischen Chemiker Joseph S. Madachy herausgegeben. Leider wurde ihr Erscheinen schon drei Jahre später, im Februar 1964, wieder eingestellt. In der Zeitschrift wurden Hunderte von Denksportaufgaben und Artikel über mathematische Kuriositäten, Zahlenspielereien, Puzzles, Knobelspiele, ungewöhnliche Schachprobleme, mathematisches Spielzeug und vieles mehr veröffentlicht. Im ersten Heft steht eine hübsche kleine Aufgabe, die von dem kanadischen Mathematiker H. V. Gosling († 1963) stammt.[72]

Finden Sie zwei positive ganze Zahlen m und n, unter deren Ziffern keine einzige Null vorkommt und deren Produkt eine Milliarde beträgt. Hat dieses Problem eine Lösung? Und wenn ja, wie viele verschiedene Lösungen gibt es, und wie lauten sie?

85. Der zerstreute Kassierer

Martin Gardner wurde am 21. Oktober 1914 in Tulsa in den USA geboren und studierte Philosophie an der University of Chicago. Über ein Vierteljahrhundert lang schrieb er für das amerikanische Wissenschaftsmagazin *Scientific American* die Kolumne *Mathematical Games*, in der er unterhaltsam über Mathematik berichtete, mathematische Spielereien und Knobeleien vorstellte und den Lesern Rätsel zu lösen gab. Gardner wurde weltbekannt, und Monat für Monat lasen Hunderttausende begeistert seine Kolumne. Seine Artikel wurden zu mehr als einem Dutzend Bücher zusammengefasst und in vielen Sprachen zu Bestsellern. Martin Gardner war auch Autor oder Herausgeber von rund hundert Büchern, die sich mit Philosophie, Literatur, Politik, Wirtschaft, Magie, Naturwissenschaft und vieles mehr befassen. Er starb am

22. Mai 2010 im Alter von fast 96 Jahren. Im Mai 1959 veröffentlichte er in seiner Kolumne im *Scientific American* folgendes Problem:[73, 74]

Als Mr Brown auf seiner Bank einen Scheck einlöste, gab ihm der zerstreute Kassierer den Centbetrag des Schecks in Dollar und den Dollarbetrag in Cent. Mr Brown merkte zunächst nichts. Erst später, nachdem er sich an einem Kiosk für fünf Cent eine Schachtel Streichhölzer gekauft hatte, stellte er fest, dass er genau doppelt so viel Geld übrig hatte, wie auf dem Scheck gestanden hatte. Auf welchen Betrag war der Scheck ausgestellt?

86. Die Fünftelung

1962 veröffentlichte Martin Gardner in seiner Kolumne *Mathematical Games* ein etwas hinterhältiges Zerlegungsproblem.[75]

Wenn man aus einem Quadrat an einer Ecke ein Viertel herausschneidet, ist es möglich, die verbleibende Fläche in vier deckungsgleiche Teile zu zerlegen. Auch ein gleichseitiges Dreieck, von dem an einer Spitze ein Viertel fortgenommen wurde, kann in vier deckungsgleiche Stücke zerschnitten werden.

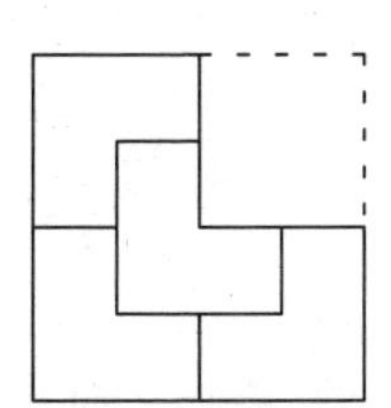

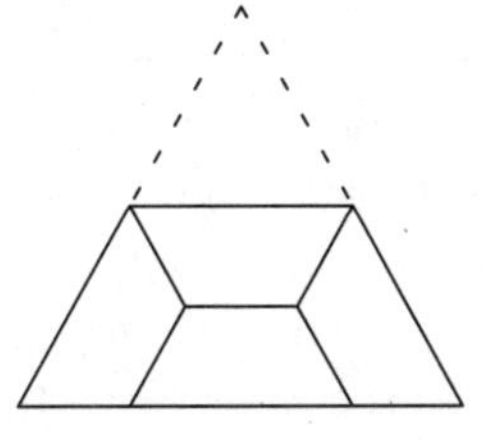

Aber kann man auch ein vollständiges Quadrat in fünf deckungsgleiche Teile zerlegen? Die Form der Stücke darf beliebig bizarr sein, wichtig ist nur, dass alle Teile deckungsgleich sind. Falls es nicht möglich ist, wie kann man dies möglichst einfach beweisen?

87. Dreieckslinien

Franz von Krbek wurde 1898 in Komárom in Ungarn geboren und starb 1984 in Greifswald. Von 1953 bis zu seiner Emeritierung im Jahre 1963 war er Professor für Mathematik an der Universität Greifswald. Von Krbek schrieb einige recht erfolgreiche populärwissenschaftliche Mathematik- und Physikbücher. Aus seinem Büchlein *Geometrische Plaudereien*, das 1962 erschien, stammt das folgende, leicht veränderte kleine Problem.[76]

In einem Dreieck mit den Seitenlängen 10, 13 und 21 Zentimeter sind zwanzig Linien eingezeichnet, die alle parallel zur kürzesten Dreiecksseite verlaufen und die das Dreieck in einundzwanzig gleich breite Streifen zerteilen. Wie groß ist die Gesamtlänge dieser zwanzig Linien?

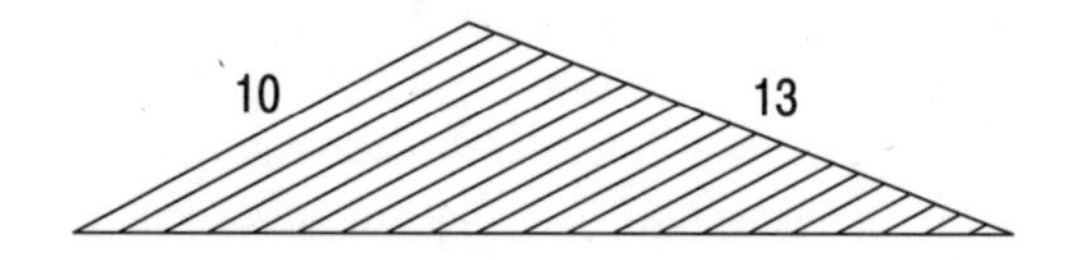

88. Das zerschnittene Oktaeder

Der griechische Philosoph Platon beschrieb in seinen Werken die fünf regelmäßigen konvexen Polyeder, die man deshalb heute auch als die Platonischen Körper bezeichnet. Eines davon ist das reguläre Oktaeder. Es wird von acht gleichen gleichseitigen Dreiecken begrenzt. Alle Seitenflächen schließen mit ihren Nachbarn den gleichen Winkel ein. Man nennt das Oktaeder oft auch reguläre quadratische Doppelpyramide, weil man es sich aus zwei Pyramiden zusammengesetzt vorstellen kann, die mit ihren Grundflächen aufeinanderstehen. 1965 stellte der amerikanische Mathematiker und Ingenieur Charles Wilderman Trigg (1898–1989) in der Zeitschrift *Mathematics Magazine* dazu folgende Aufgabe:[77, 78]

Ein reguläres Oktaeder mit einer Seitenlänge von zehn Zentimetern wird parallel und im Abstand von drei Zentimetern zu einer seiner Seitenflächen durchgeschnitten. Wie groß ist der Umfang der Schnittfläche?

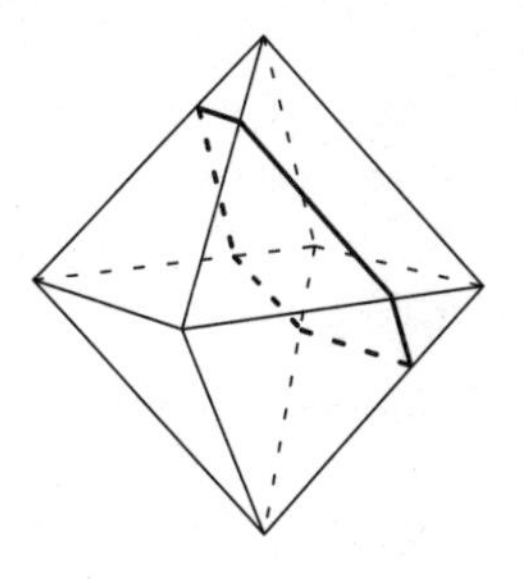

89. Halloween und Weihnachten

Solomon Wolf Golomb wurde 1932 in Baltimore in den USA geboren. Er studierte Mathematik, promovierte 1957 und war Professor für Elektrotechnik an der University of Southern California. Golomb ist einer der kreativsten Denksportaufgabenerfinder Amerikas. Sein größter Erfolg waren die Polyominos, eine ganze Klasse von Zusammensetzspielen aus quadratischen Plättchen, die er als 22-jähriger Student erfand und über die er 1965 ein Buch schrieb. Später stellte sich dann jedoch heraus, dass sie schon dreißig Jahre vorher unter anderen Namen bekannt waren, aber in Vergessenheit gerieten und er sie nur unabhängig davon entdeckt hatte. Er hat auch die bekannten, nach ihm benannten Golomb-Lineale entwickelt, die in der Nachrichtentechnik eine große Rolle spielen. Golomb schreibt seit vielen Jahren eine ganze Reihe von Kolumnen über Unterhaltungsmathematik wie beispielsweise *Enigma* in der *Los Angeles Times*, *Golomb's Gambits* im *Johns Hopkins Magazine* oder *Golomb's Puzzle Column* im *Newsletter of the Information Theory Group of the IEEE*.

In den USA nennt bei einem Datum zuerst den Monat und dann den Wochentag. Der 5. November wird in Amerika also November 5 geschrieben. 1977 veröffentlichte Martin Gardner in seinem Buch *Mathematics Magic Show* eine recht seltsame Datumsgleichung, die sich Solomon Golomb ausgedacht hatte.[79]

Okt. 31 = Dez. 25

Kann diese Gleichung richtig sein?

90. Magische Fünfecke

Terrel Trotter wurde am 21. Mai 1941 in Kansas geboren. Trotter war Mathematiklehrer und unterrichtete zuerst in den USA und ab 1981 in San Salvador in Mittelamerika. Er starb am 16. September 2004 nach langer und schwerer Krankheit. Trotter war ein sehr kreativer Erfinder mathematischer Knobeleien und Zahlenspiele. Gemeinsam mit Patrick Vennebush verfasste er 1999 das Buch *The All Time Greatest Problems*, eine hervorragende Sammlung von Denksportaufgaben. 1972 und 1974 schrieb er für die Zeitschrift *Journal of Recreational Mathematics* zwei Artikel, in denen er eine umfassende Untersuchung der magischen Polygone veröffentlichte. Im zweiten dieser beiden Artikel findet man das Problem des magischen Fünfecks.[80]

Setzen Sie die Zahlen von 1 bis 10 so in die zehn Felder des Fünfecks, dass die Summe der drei Zahlen auf jeder Fünfecksseite gleich groß ist. Eine zusätzliche Bedingung ist, dass diese Summe, die man auch als magische Konstante bezeichnet, so klein wie möglich sein soll.

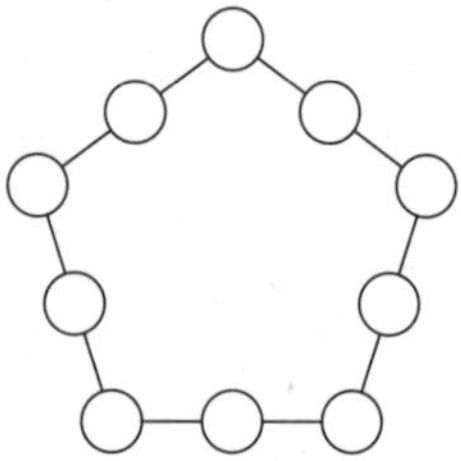

91. Das unterstrichene Herz

Der 1939 geborene amerikanische Mathematiker Neil James Alexander Sloane hat ein recht ungewöhnliches Hobby: Er sammelt Zahlenfolgen, so wie andere Menschen Briefmarken, Bierdeckel oder Münzen sammeln. Seine Sammlung enthält über 140 000 verschiedene Zahlenfolgen. Darunter sind so bekannte Folgen wie die natürlichen Zahlen 1, 2, 3, 4, 5, …, die Quadratzahlen 1, 4, 9, 16, 25, … und die Primzahlen 2, 3, 5, 7, 11, …, aber auch Kuriositäten wie zum Beispiel 1, 2, 3, 2, 1, 2, 3, 4, 1, …, die die Anzahl der Buchstaben angibt, die man für die römischen Zahlen I, II, III, IV, V, VI, VII, VIII, IX, X, … benötigt. Sloanes Sammlung kann jeder im Internet unter der Adresse *http://oeis.org/* besichtigen.

In seinem 1973 erschienenen *Handbook of Integer Sequences* stellt er ein Rätsel, das die meisten Erwachsenen wesentlich schwieriger finden als Kinder, die es oft auf Anhieb lösen können.[81]

Diese Symbolreihe ist nach einem bestimmten Gesetz gebildet worden. Wie könnte das nächste Element aussehen?

(großes M)

(unterstrichenes Herz)

(Acht)

(durchgestrichenes großes M)

(großes T über einem Oval)

92. Das rollende Dreieck

Darryl Francis wurde 1948 geboren. Er hat etliche Bücher über das Brettspiel *Scrabble* geschrieben, unzählige Wörterspiele und -rätsel entworfen und auch einige mathematische Knobeleien erfunden.

1974 veröffentlichte er in der Zeitschrift *Games and Puzzles* das Problem des rollenden Dreiecks.[82]

Im Inneren eines Quadrates von 20 cm Seitenlänge liegt, so wie es die Skizze zeigt, ein gleichseitiges Dreieck von 10 cm Seitenlänge. Eine Ecke des Dreiecks ist schwarz markiert. Das Dreieck wird nun im Uhrzeigersinn auf den Innenseiten des Quadrates abgerollt. Wie lang ist der Weg der schwarzen Spitze, wenn das Dreieck so weit gerollt wird, bis es sich wieder in seiner Ausgangsposition befindet und die schwarze Spitze wieder nach oben zeigt?

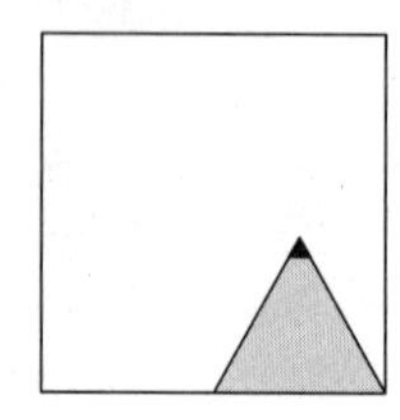

93. Zwillingsgeburten

Jaime Poniachik wurde in Argentinien geboren und lebt heute im benachbarten Uruguay. Poniachik ist ein in Südamerika bekannter Erfinder von Spielen und mathematischen Rätseln und Herausgeber von Kreuzworträtselheften und Brettspielen. Er ist mit der argentinischen Mathematikerin Lea Gorodisky verheiratet, die 1992 Mitglied im argentinischen Team bei der World Puzzle Championship war, das den zweiten Platz errang. Das Ehepaar hat zahlreiche Denksportaufgabenbücher geschrieben. 1978 veröffentlichte es das Buch *Cómo Jugar y Divertirse con su Inteligencia*, aus dem die folgende Aufgabe stammt.[83]

Bei 3 Prozent aller Geburten weltweit kommen Zwillinge zur Welt. Geburten, bei denen mehr als zwei Kinder geboren werden, sind so selten, dass wir sie für diese Aufgabe der Einfachheit halber völlig ausschließen wollen. Angenommen, Ihnen wird ein rein zufällig ausgewählter Mensch vorgestellt. Wie groß ist die Wahrscheinlichkeit, dass dieser Mensch ein Zwilling ist?

94. Antarktische Temperaturen

Um 1980 veröffentlichte Michael Steuben in *Capital M*, der monatlich erscheinenden Mitgliederzeitschrift des Vereins *Mensa* in Washington, eine hübsche kleine Aufgabe über die Temperaturen am Südpol.[84]

Ein amerikanischer Südpolforscher besucht seinen europäischen Kollegen in dessen Station in der Antarktis. «Wie kalt ist es hier?», fragt der Amerikaner. «Minus vierzig Grad», antwortet der Europäer. «Celsius oder Fahrenheit?», will der Amerikaner wissen. «Dumme Frage!», erwidert der Europäer.

Wie können Sie sich die letzte Antwort des europäischen Forschers erklären?

95. Flucht über die Hängebrücke

Der Jurist Saul X. Levmore (*1953) von der University of Chicago schrieb gemeinsam mit Elizabeth Early Cook ein Buch mit dem Titel *Super Strategies for Puzzles and Games*, das 1981 in New York erschien. Es ist eines der ersten Bücher, in dem systematische Lösungsverfahren für die verschiedensten Arten von Denksportaufgaben beschrieben werden. In diesem Buch taucht erstmals das Hängebrückenproblem auf.[85]

Vier Forscher sind mitten in der Nacht im Dschungel auf der Flucht vor einem kriegerischen Stamm. Sie kommen an einen reißenden Fluss, über den nur eine schmale Hängebrücke ohne Geländer führt. Man sieht der Brücke an, dass sie höchstens zwei Personen trägt und dass man ohne Licht nicht ans andere Ufer kommt. Die Forscher müssen möglichst schnell den Fluss überqueren, da die Krieger ihnen schon auf den Fersen sind. Sie haben aber nur eine einzige Taschenlampe bei sich und benötigen, da nicht alle gleich sportlich sind, unterschiedlich lange für einen Weg über die Brücke: Einer braucht zwei Minuten, einer vier Minuten, einer acht Minuten und einer zehn Minuten. Wie schnell können es die vier Forscher schaffen, alle über den Fluss zu kommen?

96. Ein Quadrat aus Rechenstäbchen

Der Rätselerfinder Lloyd King wurde in Hambleden in England geboren und lebt heute in Queensland in Australien. Er hat drei Denksportaufgabenbücher geschrieben mit den Titeln *Puzzles for the High IQ* (1996), *Test Your Creative Thinking* (2003) und *Amazing «Aha!» Puzzles* (2004), die alle zu Bestsellern wurden. Aus seinem jüngsten Buch stammt die folgende kleine Aufgabe.[86]

Sieben Zähl- oder Rechenstäbchen, wie sie im Kindergarten oder in der Grundschule benutzt werden, sind zu zwei Quadraten ausgelegt worden. Legen Sie die Stäbchen so um, dass sie nur ein einziges Quadrat bilden. Die Stäbchen dürfen nicht zerbrochen werden, es dürfen keine hinzugefügt werden, und sie dürfen sich nicht überlappen oder kreuzen. Alle sieben Hölzer müssen in voller Länge an dem Quadrat beteiligt sein. Ist das Problem überhaupt lösbar?

97. Der Blick auf die Würfelecke

Der 1965 geborene Chemiker Volker Wagner aus Wermelskirchen in Nordrhein-Westfalen hat zahlreiche Denksportaufgaben erfunden. Sein Würfeleckenproblem wurde erstmals im Februar 2008 im *Magazin* der *Aachener Zeitung* veröffentlicht.[87, 88]

Fritzchen schaut mit einer Lupe genau auf eine der acht Ecken eines gewöhnlichen Spielwürfels. Dadurch sieht er keine einzige Fläche vollständig und nur drei einzelne Augen, die sich in der Nähe dieser Ecke befinden.

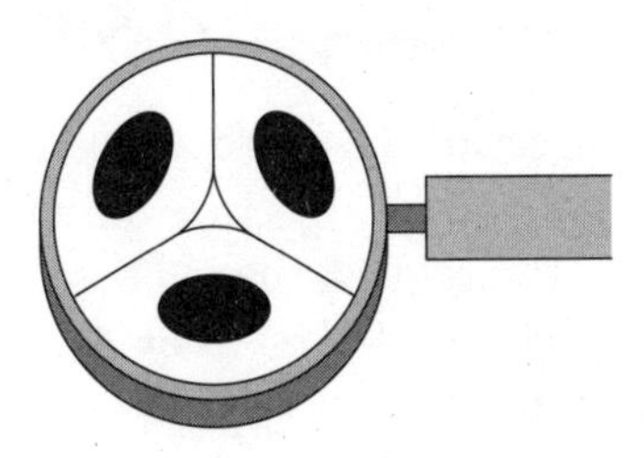

Ist es trotzdem möglich, wenigstens von einer Augenzahl eindeutig zu sagen, dass sie zu den drei sichtbaren Würfelseiten gehört? Oder ist dies sogar für zwei oder alle drei Augenzahlen möglich?

98. Die geheime Nachricht

Die vermutlich kreativsten Erfinder von Denksportaufgaben des letzten Jahrzehnts sind Serhiy Grabarchuk und seine beiden Söhne Peter und Serhiy Junior. Die Familie lebt in Uzhgorod, einer kleinen Stadt im Westen der Ukraine, und hat Hunderte von Knobeleien entwickelt. Die drei Rätselerfinder haben auch eine Reihe von Büchern geschrieben. In Deutsch ist davon bislang noch keines erschienen, aber auf Englisch sind im Buchhandel drei Bände erhältlich: *The New Puzzle Classics* (New York, 2005), das der Vater verfasst hat, *Modern Classic Puzzles* (New York, 2008), das von Peter stammt, und *The Simple Book of Not-So-Simple Puzzles* (Wellesley, 2008), das alle drei gemeinsam geschrieben haben. Aus dem letzten Buch stammt das folgende Rätsel.[89]

Die Zeichnung stellt eine verschlüsselte Nachricht dar. Wie lautet sie im Klartext? Im Original ist sie auf Englisch, sie ist hier allerdings durch einen deutschen Text ersetzt worden.

99. Richtig oder falsch?

Der Essener Mathematiklehrer und Spieleerfinder Franz-Josef Schulte ist auch Mitarbeiter der Spielerzeitschrift *Fairplay* und Teilhaber des Franjos-Verlages, der Brett- und Kartenspiele verlegt. Gelegentlich entwirft er auch Denksportaufgaben, wie beispielsweise das folgende Problem, das erstmals im Juni 2008 im *Magazin* der *Aachener Zeitung* erschien.[90, 91]

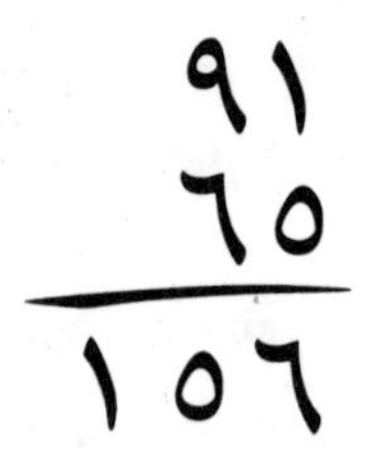

Ein Schüler hat in seinem Heft zwei Zahlen schriftlich addiert. Obwohl das Ergebnis falsch zu sein scheint, hat der Mathematiklehrer an der Rechnung nichts auszusetzen. Warum?

100. Streichholzmathematik

Diese Aufgabe ist meine eigene Erfindung. Ich habe sie erstmals August 2010 im *Magazin* der *Aachener Zeitung* veröffentlicht.[92, 93]

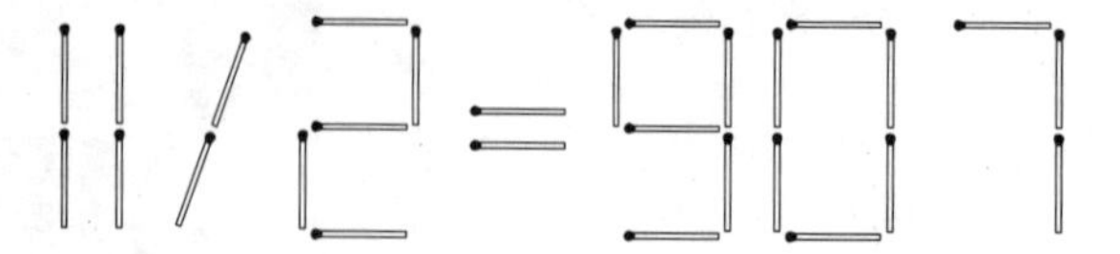

Legen Sie genau drei Streichhölzer um, sodass eine korrekte Gleichung entsteht. Das Gleichheitszeichen darf dabei nicht verändert werden.

101. Pandigitale römische Daten

Auch diese letzte Aufgabe des Buches habe ich selbst erdacht. Sie erschien erstmals im Februar 2012 im *Magazin* der *Aachener Zeitung*.[94,95]

Schreibt man das Datum 5.11.1955 mit römischen Zahlenzeichen, hat es die Form V. XI. MCMLV. In diesem Datum sind die beiden Zeichen V und M jeweils zweimal und das Zeichen D gar nicht enthalten.

Gibt es auch korrekt geschriebene Datumsangaben, in denen alle sieben römischen Zahlenzeichen I, V, X, L, C, D und M genau einmal vorkommen? Wenn ja, wie viele sind es insgesamt?

Es muss dabei die normale Subtraktionsregel benutzt werden. In einer römischen Zahl werden die Ziffern von links nach rechts nach absteigenden Werten geordnet. Das heißt, normalerweise steht links von einer Ziffer keine kleinere Ziffer. Die Subtraktionsregel in ihrer Normalform besagt, dass die Ziffern I, X und C einem ihrer nächst- oder übernächstgrößeren Zahlzeichen vorangestellt werden dürfen und dann ihre Zahlwerte von deren Wert abzuziehen sind. So ist beispielsweise XC = 100 – 10 = 90.

LÖSUNGEN

Das Achteck setzt sich aus 57 ganzen und 12 halben Unterquadraten zusammen und hat somit die gleiche Fläche wie 63 Unterquadrate. Wenn die Unterquadrate die Seitenlänge a haben, besitzt das Achteck den Flächeninhalt $63a^2$. Da der Radius des Kreises $9/2\,a$ beträgt, hat seine Fläche den Inhalt

$$\pi\left(\frac{9}{2}a\right)^2 = \pi\frac{81}{4}a^2$$

Setzt man die Kreis- und die Achteckfläche gleich, erhält man

$$\pi\frac{81}{4}a^2 = 63a^2$$

und nach dem Auflösen $\pi = 3\,1/9 \approx 3{,}1111$. Die Abweichung vom tatsächlichen Wert von $\pi \approx 3{,}1416$ ist also geringer als 1 Prozent.

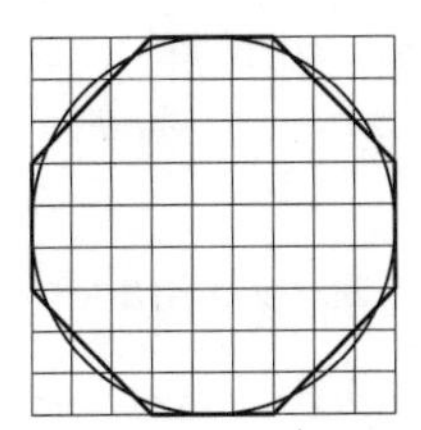

Ah-Mose hat übrigens bei der Berechnung ein wenig geschummelt. Er behauptet, die Achteckfläche $63a^2$ sei doch fast das Gleiche wie $64a^2$, und kommt auf diese Weise zu dem noch genaueren $\pi = 3\,13/81 \approx 3{,}1605$ mit einer Abweichung von nur etwa 0,6 Prozent vom korrekten Wert.

2. Katzen und Mäuse

Die erste Aufgabe ist leicht: Wenn in sieben Häusern je sieben Katzen leben und jede Katze sieben Mäuse frisst und jede Maus sieben Ähren Gerste frisst und aus jeder Ähre sieben Scheffel Körner entstehen, so sind den Katzen insgesamt $7 \cdot 7 \cdot 7 \cdot 7 \cdot 7 = 7^5 = 16\,807$ Scheffel Körner zu verdanken.

Wörtlich übersetzt lautet der ägyptische Text übrigens so:

Hausinventar

Häuser	7
Katzen	49
Mäuse	343
Ähren	2401
Scheffel	16 807
zusammen	19 607

Die zweite Aufgabe aber ist etwas hinterhältig. Das Gedicht beginnt mit dem Satz «Als ich nach Saint Ives ging, kam mir ein Mann mit sieben Frauen entgegen». Der Mann und die Frauen gingen also gar nicht nach Saint Ives, sondern kamen aus dieser Stadt. Folglich ist die Antwort, dass kein Kätzchen, keine Katze, kein Sack und keine Frau nach Saint Ives gingen.

3. Zehn Brüder

Jeder der zehn Brüder bekam einen Sockelbetrag von a Schekel. Zusätzlich erhielt der neunte Bruder noch d Schekel, der achte $2d$ Schekel, der siebte $3d$ Schekel usw. Diese zusätzlichen Anteile ergeben insgesamt

$$1d + 2d + \ldots + 9d = 45d$$

Schekel. Die 1⅔ Minen oder 100 Schekel verteilen sich also auf 10 Sockelbeträge und 45 zusätzliche Anteile, was zur Gleichung

$$10a + 45d = 100$$

führt. Der achte Bruder erhielt

$$a + 2d = 6$$

Schekel. Stellt man diese Gleichung nach *a* um und setzt sie in die erste ein, bekommt man

$$10(6 - 2d) + 45d = 100$$

Daraus ergibt sich nach dem Auflösen, dass sich Bruder über Bruder um $1\frac{3}{5}$ Schekel erhoben hatte.

Auf dem Keilschrifttäfelchen aus Uruk ist das Ergebnis in etwas anderer Form angegeben. Da die Babylonier nicht im Dezimalsystem rechneten, sondern im Sexagesimalsystem, das die 60 und nicht die 10 als Basis hat, schrieben sie die Lösung als $1\frac{36}{60}$. Dass die Stunde 60 Minuten, die Minute 60 Sekunden und der Vollwinkel $6 \cdot 60$ Grad hat, sind übrigens immer noch Überbleibsel aus Babylon.

4. Die Zuflüsse

Pro Tag fließen durch den ersten Kanal 3 Teichinhalte, durch den zweiten 1, durch den dritten $\frac{2}{5}$, durch den vierten $\frac{1}{3}$ und durch den fünften $\frac{1}{5}$. Sind alle fünf Kanäle geöffnet, fließen darum insgesamt pro Tag

$$3 + 1 + \frac{2}{5} + \frac{1}{3} + \frac{1}{5} = \frac{74}{15}$$

Teichinhalte durch die Kanäle. Folglich ist der Teich nach $\frac{15}{74}$ Tag gefüllt, wenn alle Kanäle gleichzeitig offen sind.

5. Der verdünnte Wein

Der Mann entnimmt seiner Flasche an jedem Tag ein Viertel ihres Inhalts. Da der Wein und das Wasser vermischt sind, bedeutet dies, dass in der Flasche drei Viertel des Weins und auch drei Viertel des Wassers zurückbleiben. Weil der Mann dies viermal macht, ist am Ende des vierten Tages die Flasche noch zu

$$\left(\frac{3}{4}\right)^4 = \frac{81}{256}$$

mit Wein gefüllt. Die entspricht $1\frac{17}{64}$ Prastha Wein. Die restlichen $2\frac{47}{64}$ Prastha sind Wasser.

6. Die Zwillingserbschaft

Das Problem ist nicht nur ein mathematisches, sondern auch ein juristisches und deshalb nicht ganz eindeutig lösbar. Allgemein anerkannt unter Mathematikern und Juristen ist aber folgende Lösung: Der Sohn erbt von dem Vermögen des Mannes $\frac{4}{7}$, die Witwe $\frac{2}{7}$ und die Tochter $\frac{1}{7}$. Auf diese Weise wird der Letzte Wille des Mannes erfüllt, dass sein Sohn doppelt so viel wie Witwe erben soll und seine Tochter halb so viel wie die Witwe.

7. Die Teller der Gäste

Wenn auf dem Fest x Gäste waren, so wurden $x/2$ Reisteller, $x/3$ Suppenteller und $x/4$ Fleischteller benutzt. Da die die Gesamtzahl der Teller 65 betrug, gilt

$$\frac{x}{2} + \frac{x}{3} + \frac{x}{4} = 65$$

Löst man diese Gleichung auf, erhält man eine Gästezahl von $x = 60$.

8. Die drei Läufer

Der schnellste Läufer und der zweitschnellste sind $150 - 90 = 60$ Li/Tag bzw. $120 - 90 = 30$ Li/Tag schneller als der langsamste Läufer. Nun kann man auch annehmen, dass der langsamste Läufer sich nicht vom Fleck rührt und die beiden anderen mit nur 60 bzw. 30 Li/Tag rennen, ohne dass sich an dem Problem etwas ändert.

Der schnellste Läufer rennt somit alle $\frac{325}{60} = 5\frac{5}{12}$ Tage und der zweitschnellste alle $\frac{325}{30} = 10\frac{10}{12}$ Tage an dem langsamsten Läufer vorbei. Das bedeutet, nach $10\frac{10}{12}$ Tagen oder 10 Tagen und 20 Stunden treffen alle drei Läufer erstmalig nach dem Start wieder zusammen.

9. Der Kauf der hundert Vögel

Bezeichnet man die Anzahl der Hähne, Hennen und Küken mit x, y und z, so gilt

$$x + y + z = 100$$

Multipliziert man nun die Vogelzahlen mit den entsprechenden Preisen, erhält man als zweite Gleichung

$$5x + 3y + \frac{z}{3} = 100$$

Stellt man die erste Gleichung nach z um und setzt sie dann in die zweite ein, bekommt man nach einigen Umformungen

$$y = 25 - \frac{7x}{4}$$

Da y eine natürliche Zahl ist, muss x durch 4 teilbar sein und darf nicht so groß sein, dass die rechte Gleichungsseite dadurch negativ wird. Dies ist nur für $x = 0$, 4, 8 und 12 möglich. Daraus ergeben sich folgende Vogelzahlen:

Hähne	Hennen	Küken
0	25	75
4	18	78
8	11	81
12	4	84

Da Zhang Qiujian stillschweigend voraussetzt, dass der Mann von jeder Sorte mindestens ein Tier kauft, nennt er nur die drei letzten Lösungen.

10. Der metallene Kranz

Mit den Abkürzungen g, k, z und e für das Gewicht von Gold, Kupfer, Zinn und Eisen lassen sich die Aussagen über den Kranz durch die folgenden vier Gleichungen zusammenfassen:

$$\begin{aligned} g + k + z + e &= 60 \\ g + k &= 40 \\ g + z &= 45 \\ g + e &= 36 \end{aligned}$$

Zieht man die zweite, dritte und vierte Gleichung von der ersten ab, erhält man $-2g = -61$ oder $g = 30\frac{1}{2}$. Setzt man dieses Ergebnis nun in die zweite, dritte und vierte Gleichung, ergibt sich nach dem Umstellen $k = 9\frac{1}{2}$, $z = 14\frac{1}{2}$ und $e = 5\frac{1}{2}$. Der Kranz enthält also $30\frac{1}{2}$ Minen Gold, $9\frac{1}{2}$ Minen Kupfer, $14\frac{1}{2}$ Minen Zinn und $5\frac{1}{2}$ Minen Eisen.

11. Der Löwe aus Erz

Durch das rechte Auge fließt pro Tag ein halber Beckeninhalt, durch das linke Auge ein Drittel Beckeninhalt, durch die Sohle ein Viertel Beckeninhalt und durch den Mund fließen pro Tag zwei Beckeninhalte. Durch die Augen, die Sohle und den Mund fließen somit zusammen an einem Tag

$$\frac{1}{2} + \frac{1}{3} + \frac{1}{4} + 2 = \frac{37}{12}$$

Beckeninhalte Wasser. Alles vereint füllt also das Becken an $\frac{12}{37}$ Tag.

12. Die Rinder des Augias

Die Angaben aus dem Epigramm für die Anzahl x der Rinder des Augias' lassen sich durch die Gleichung

$$\frac{x}{2} + \frac{x}{8} + \frac{x}{12} + \frac{x}{20} + \frac{x}{30} + 50 = x$$

zusammenfassen. Bringt man alle Brüche auf den Hauptnenner, addiert sie und löst sie dann nach x auf, erhält man, dass König Augias 240 Rinder besaß. Das Ergebnis steht im krassen Widerspruch zur Sage, nach der in den Augiasställen über 3000 Rinder gestanden haben sollen.

13. Die Eselin und das Maultier

Wenn die Eselin x Pfund trägt und das Maultier y Pfund, kann man die Behauptungen des Maultiers durch die beiden Gleichungen

$$2(x-1) = y+1$$
$$x+1 = y-1$$

darstellen. Löst man sie auf, erfährt man, dass die Eselin $x = 5$ Pfund und das Maultier $y = 7$ Pfund trägt.

14. Das Alter des Diophant

Wenn Diophantos x Jahre alt wurde, war er $x/6$ Jahre jung, $x/12$ Jahre später begann sein Bart zu sprießen, $x/7$ Jahre danach heiratete er, und 5 Jahre nach seiner Hochzeit wurde sein Sohn geboren. Der Sohn wurde $x/2$ Jahre alt, und 4 Jahre nach dem Tod seines Sohnes starb auch Diophantos. Nun kann man die Lebenszeit auch als Gleichung schreiben:

$$\frac{x}{6} + \frac{x}{12} + \frac{x}{7} + 5 + \frac{x}{2} + 4 = x$$

Nach x aufgelöst, erhält man Diophantos' Lebenszeit von 84 Jahren.

15. Der Wein des Pharaos

Der Nacharar mit dem niedrigsten Rang erhält einen Anteil vom Wein, der mit dem zweitniedrigsten Rang zwei Anteile, der mit dem drittniedrigsten drei usw. Der Wein muss also in

$$1 + 2 + 3 + 4 + 5 + 6 + 7 + 8 + 9 + 10 = 55$$

Anteile aufgeteilt werden. Ein Anteil beträgt somit $100/55 = 20/11$ Fässer Wein. Nun bekommt der rangniedrigste Nacharar $1 \cdot 20/11 = 1\,9/11$ Fässer Wein, der nächste $2 \cdot 20/11 = 3\,7/11$ Fässer, der übernächste $3 \cdot 20/11 = 5\,5/11$, und so geht es weiter. Die übrigen sieben Nacharar erhalten in aufsteigender Rangfolge $7\,3/11$, $9\,1/11$, $10\,10/11$, $12\,8/11$, $14\,6/11$, $16\,4/11$ und schließlich $18\,2/11$ Fässer Wein.

16. Der gefräßige Wal

Ursprünglich war das Schiff mit x Kaith Weizen beladen. Am ersten Tag erhielt der Wal die Hälfte des Weizens, und es blieb die andere Hälfte übrig. Am zweiten Tag bekam der Wal ein Fünftel vom Rest, und es blieben $4/5$ zurück. Am dritten Tag blieben $7/8$ und am vierten Tag $6/7$ des restlichen Weizens zurück. Das Schiff kam folglich mit

$$x \cdot \frac{1}{2} \cdot \frac{4}{5} \cdot \frac{7}{8} \cdot \frac{6}{7} = 7200$$

Kaith ans Ziel. Nach x aufgelöst, erhält man, dass das Schiff ursprünglich 24 000 Kaith Weizen an Bord hatte.

17. Die Wildeselfalle

Bezeichnet man mit x die Anzahl aller Wildesel in der Falle, lassen sich die Angaben aus der Aufgabe zu der Gleichung

$$\frac{x}{2} + \frac{x}{4} + \frac{x}{12} + 360 = x$$

zusammenfassen. Löst man sie nach x auf, erhält man 2160 Tiere.

18. Der Bau der Kirche

Der erste Maurer arbeitete insgesamt x Tage und verbaute $140x$ Steine. Der zweite Maurer arbeitete 39 Tage weniger und verbaute somit $218(x-39)$ Steine. Da beide Anzahlen gleich sein sollen, gilt

$$140x = 218\,(x - 39).$$

Löst man diese Gleichung auf, erhält man eine Bauzeit von $x = 109$ Tagen.

19. Die Kunst des Teilens

Jeder der drei Männer aß $5/3$ Brote. Da der erste Mann $3 = 9/3$ Brote besaß, gab er dem dritten Mann $4/3$ Brote. Der zweite Mann hatte $2 = 6/3$ Brote und gab somit dem dritten Mann $1/3$ Brot. Von den fünf Dirham musste der erste Mann folglich vier und der zweite einen bekommen.

20. Die Säule im See

Hat die Säule die Länge x, kann man Mahaviras Angaben durch die Gleichung

$$\frac{x}{8} + \frac{x}{4} + \frac{x}{3} + 7 = x$$

ausdrücken. Löst man sie auf, ergibt sich für die Säule eine Länge von 24 Hastas.

21. Die dreißigpfündige Schale

Wenn man die Gewichte des Goldes, des Silbers, des Messings und des Zinns mit *g*, *s*, *m* und *z* abkürzt, kann man den Aufgabentext durch die vier Gleichungen

$$g + s + m + z = 30$$
$$s = 3g$$
$$m = 3s$$
$$z = 3m$$

zusammenfassen. Setzt man nun die letzte Gleichung in die erste ein, bekommt man

$$g + s + 4m = 30$$

Anschließend wird die dritte in die erste Gleichung eingesetzt, und es ergibt sich

$$g + 13s = 30$$

Zum Schluss setzt man noch die zweite Gleichung in die erste ein. Dadurch erhält man

$$40g = 30$$

oder $g = 3/4$. Damit ergibt sich aus der zweiten, dritten und vierten Gleichung, dass $s = 2 1/4$, $m = 6 3/4$ und $z = 20 1/4$ ist. Die Schale besteht also aus $\frac{3}{4}$ Pfund Gold, $2\frac{1}{4}$ Pfund Silber, $6\frac{3}{4}$ Pfund Messing und $20\frac{1}{4}$ Pfund Zinn. Da ein Pfund $600/30 = 20$ Schilling entspricht, lassen sich die Metallgewichte auch in Schilling angeben: 15 Schilling Gold, 45 Schilling Silber, 135 Schilling Messing und 405 Schilling Zinn.

22. Die Überfahrt

Durch eine Hinfahrt mit zwei Personen und eine Rückfahrt mit einer Person kann eine Person über den Fluss und das Boot wieder zurück gebracht werden. Um n Personen über den Fluss zu bringen, wären demnach $2n$ Fahrten notwendig. Tatsächlich sind es aber nur $2n-3$ Fahrten, denn mit der letzten Fahrt können zwei Personen zum anderen Ufer transportiert werden, weil das Boot nicht zurückgebracht werden muss.

Damit die drei Männer und ihre Schwestern den Fluss überqueren können, sind also mindestens neun Fahrten notwendig. Mit dieser Minimalzahl an Fahrten kommt man jedoch nicht aus, denn dann wäre irgendwann einmal eine Frau ohne ihren Bruder an einem der beiden Ufer oder im Boot. Wird jedoch eine Hin- und Rückfahrt mehr gemacht, ist das Problem lösbar.

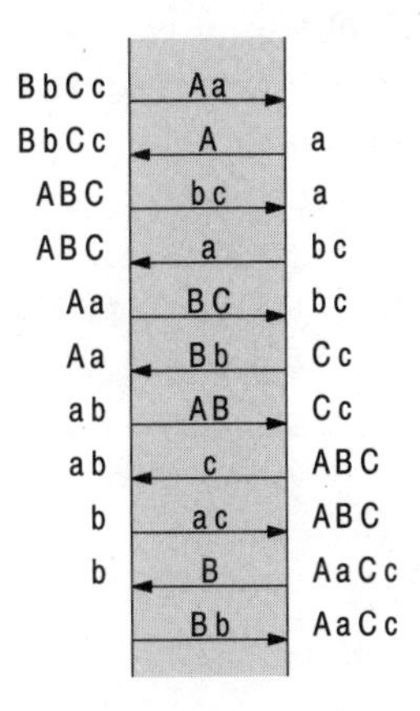

Die drei Geschwisterpaare müssen also mindestens elf Mal über den Fluss rudern, um alle vom einen Ufer an das andere zu gelangen. Es gibt mehrere Möglichkeiten, wie sie dies bewerkstelligen können. Eine davon zeigt die Skizze. Die drei Männer sind dabei mit A, B und C bezeichnet und ihre Schwestern mit a, b und c.

23. Die Basilika

Die Basilika ist 240 Fuß = 12 · 240 Unzen = 2880 Unzen lang und 120 Fuß = 12 · 120 Unzen = 1440 Unzen breit. Sie hat somit eine Grundfläche von 2880 Unzen × 1440 Unzen = 4 147 200 Quadratunzen. Da eine Platte die Größe von 23 Unzen × 12 Unzen = 276 Quadratunzen hat und 4 147 200/276 = 15 026 ⅔₃ ergibt, sind mindestens 15 027 Platten notwendig, um den Boden der Basilika vollständig zu bedecken.

Es reicht aus, nur zwei Platten zu zerstückeln. Dazu werden jeweils 240 Platten in 60 Reihen mit ihren kurzen Seiten parallel zu den Längsseiten der Basilika ausgelegt. Sie bedecken eine rechteckige Fläche von 240 · 12 Unzen × 60 · 23 Unzen = 2880 Unzen × 1380 Unzen = 3 974 400 Quadratunzen und lassen nur noch einen Streifen von 2880 Unzen Länge und 60 Unzen Breite frei. In diesen Streifen werden jeweils 125 Platten in fünf Reihen mit ihren langen Seiten parallel zu den Längsseiten der Basilika gelegt. Sie decken eine Fläche von 125 · 23 Unzen × 5 · 12 Unzen = 2875 Unzen × 60 Unzen = 172 500 Quadratunzen ab. Da der Streifen aber 2880 Unzen lang ist, bleibt ein Rechteck der Fläche 5 Unzen × 60 Unzen = 300 Quadratunzen frei. Dieses Rechteck hat die Größe von $1\frac{2}{23}$ Platten und kann durch Zerstückelung der beiden letzten Platten gefüllt werden.

24. Das Kamel

In der Lösung der *Propositiones* wird das Kamel mit 30 Scheffeln Getreide beladen und macht sich auf den Weg zu einem 20 Leugen entfernten Zwischenlager. Da es pro Leuge einen Scheffel Getreide frisst, kommt es dort mit 10 Scheffeln an. Dann geht es zurück und holt in zwei weiteren Gängen die restlichen 60 Scheffel Getreide, von denen aber nur 20 Scheffel im Zwischenlager ankommen. Schließlich macht es sich mit den 30 Scheffeln Getreide aus dem Zwischenlager auf den Weg zu dem zehn Leugen entfernten Ziel. Dort kommt es mit 20 Scheffeln Getreide an.

Dies ist jedoch nicht die beste Lösung. Bei der optimalen Lösung werden zwei Zwischenlager angelegt. Das erste Zwischenlager liegt 10 Leugen vom Startpunkt entfernt und das zweite 5 Leugen vom Ziel. Das Kamel wird in drei Gängen am Startpunkt mit je 30 Scheffeln beladen und liefert jeweils 20 Scheffel im ersten Zwischenlager ab. Nach den drei Gängen liegen somit 60 Scheffel im ersten Zwischenlager. Danach bringt das Kamel in zwei Gängen das Getreide aus dem ersten Zwischenlager in das zweite und kommt dort mit jeweils 15 Scheffeln Getreide an. Schließlich macht sich das Kamel mit den 30 Scheffeln aus dem zweiten Zwischenlager auf den Weg zum Zielort und erreicht ihn mit 25 Scheffeln Getreide.

25. Der fleißige Kaufmann

Wenn der Kaufmann zu Anfang das Kapital a_0 hatte, besaß er nach dem ersten Handel

$$a_1 = a_0 + \frac{1}{2} a_0 = \frac{3}{2} a_0$$

Nach dem zweiten Geschäft war diese Summe auf

$$a_2 = a_1 + \frac{1}{3} a_1 = \frac{4}{3} a_1 = \frac{4}{3} \cdot \frac{3}{2} a_0$$

angewachsen und nach dem dritten Schritt auf

$$a_3 = a_2 + \frac{1}{4} a_2 = \frac{5}{4} a_2 = \frac{5}{4} \cdot \frac{4}{3} \cdot \frac{3}{2} a_0$$

Nach diesem Muster geht es nun weiter, sodass der Kaufmann nach dem neunten Handel

$$a_9 = \frac{11}{10} \cdot \frac{10}{9} \cdot \frac{9}{8} \cdot \frac{8}{7} \cdot \frac{7}{6} \cdot \frac{6}{5} \cdot \frac{5}{4} \cdot \frac{4}{3} \cdot \frac{3}{2} a_0 = \frac{11}{2} a_0$$

besaß. Dies sollen hundert Dinar sein.

$$\frac{11}{2} a_0 = 100$$

Löst man die Gleichung nach a_0 auf, erhält man ein Anfangskapital von $18\frac{2}{11}$ Dinar.

26. Der Kauf des Pferdes

Die drei Pferdekäufer besitzen x, y und z Dirham. Ihr Gespräch lässt sich durch drei Gleichungen zusammenfassen.

$$x + \frac{x + y}{3} = 100$$

$$y + \frac{x + z}{4} = 100$$

$$z + \frac{x + y}{5} = 100$$

Löst man dieses Gleichungssystem nach einer der üblichen Methoden auf, erhält man $x = 52$, $y = 68$ und $z = 76$.

27. Der fromme Mann

Die Aufgabe löst man am einfachsten, indem man das Pferd von hinten aufzäumt. Zum Schluss besaß der Mann nichts mehr, also hatte er vor seiner letzten Spende noch 10 Dirham. Folglich besaß er vor der letzten Verdopplung seines Geldes 5, vor der dritten Spende 15 und vor der dritten Verdopplung $7\frac{1}{2}$ Dirham. Vor der zweiten Spende besaß er $17\frac{1}{2}$, vor der zweiten Verdopplung also $8\frac{3}{4}$, vor der ersten Spende $18\frac{3}{4}$ und somit zu Beginn $9\frac{3}{8}$ Dirham.

28. Der betrunkene Mann

Das Rätsel greift eine Erzählung aus dem Buch Genesis des Alten Testaments auf. Dort wird gesagt, dass Lot seine beiden Töchter, die ihn betrunken gemacht haben, im Rausch schwängert. Neun Monate später gebären sie die Jungen Moab und Ben-Ammi, die die Stammväter der biblischen Völker der Moabiter und Ammoniter werden (1. Mose 19,30–38). Lot ist darum sowohl der Vater als auch der Ehemann der beiden Frauen, der Vater, der Großvater und der Onkel der beiden Jungen.

29. Die Gewichtssteine

Bei einer austarierten Balkenwaage ist das Gesamtgewicht der Gewichtssteine genauso groß wie das des Wägeguts. Dabei werden die Gewichte in der Schale, in der auch das Wägegut liegt, negativ gerechnet und die in der anderen Schale positiv. Der erste Stein hat ein Gewicht von $3^0 = 1$ Pfund. Damit lässt sich natürlich nur das Gewicht 1 Pfund bilden. Der nächste Stein ist $3^1 = 3$ Pfund schwer. Zusammen mit dem ersten Stein lassen sich durch Abziehen, Weglassen und Hinzuzählen 3^1 weitere Gewichte bilden: $2 = 3 - 1$, $3 = 3$ und $4 = 3 + 1$. Der dritte Stein wiegt $3^2 = 9$ Pfund. Mit den ersten beiden Steinen lassen sich wiederum durch Abziehen, Weglassen und Hinzuzählen 3^2 weitere Gewichte bilden: $5=9-3-1$, $6=9-3$, $7=9-3+1$, $8=9-1$, $9=9$, $10=9+1$, $11=9+3-1$, $12=9+3$ und $13=9+3+1$. Nach diesem Muster geht es weiter. Um alle Gewichte von 1 Pfund bis hin zu 29 524 Pfund bilden zu können, braucht man zehn Steine, die 1, 3, 9, 27, 81, 243, 729, 2187, 6561 und 19 683 Pfund schwer sind.

30. Schüler und Taugenichtse

Am einfachsten löst man die Aufgabe, indem man von einem Kreis mit 30 freien Plätzen ausgeht. Nun zählt man die Plätze ab und stellt dabei auf jeden neunten Platz einen Taugenichts. Trifft man beim Zählen auf einen schon besetzten Platz, überspringt man ihn. Hat man auf diese Weise 15 Taugenichtse untergebracht, stellt man auf die noch freien Plätze die 15 Schüler. In die Zeichnung wird am obersten Platz begonnen und dann im Uhrzeigersinn gezählt. Die schwarzen Kreise stellen die Taugenichtse und die weißen die Schüler dar.

31. Der Garten

Wenn der Mann mit x Äpfeln an ein Tor kam, so musste er dem Wächter $x/2$ Äpfel und noch einen zusätzlichen Apfel geben. Er behielt also

$$y = x - \frac{x}{2} - 1$$

Äpfel übrig. Diese Gleichung lässt sich nach y auflösen. Verließ der Mann ein Tor mit y Äpfeln in der Tasche, besaß er also zuvor

$$x = 2\,(y + 1)$$

Äpfel. Nun kann man leicht rückwärts rechnen. Da er zum Schluss $y = 1$ Apfel übrig behielt, hatte er vor dem siebten Tor noch $x = 4$ Äpfel. Mit der gleichen Formel erhält man, dass er das sechste Tor mit 10 Äpfeln erreichte. Rechnet man nun Tor für Tor weiter rückwärts, ergibt sich, dass der Mann in dem Garten 382 Äpfel gepflückt hatte.

32. Tirri und Firri

Tirri und Firri müssen den Wein wenigstens siebenmal umfüllen, bis beide vier Maß in ihren Gefäßen haben. Im ersten Schritt gießen sie aus dem großen Gefäß so viel Wein in das mittlere, bis dieses randvoll ist. Nun enthält das große Gefäß drei Maß Wein, das mittlere fünf Maß und das kleine null Maß. Im nächsten Schritt wird das kleine Gefäß aus dem mittleren gefüllt. Anschließend sind im großen Gefäß drei, im mittleren zwei und im kleinen drei Maß Wein. Beim dritten Umfüllen wird der Inhalt des kleinen in das große Gefäß gekippt. Auf diese Art geht es weiter. Bei der Notation der einzelnen Schritte gibt jeweils die erste Zahl in einer Klammer den Inhalt des großen, die zweite den des mittleren und die dritte den des kleinen Gefäßes an: (8, 0, 0), (3, 5, 0), (3, 2, 3), (6, 2, 0), (6, 0, 2), (1, 5, 2), (1, 4, 3) und (4, 4, 0).

33. Die gerechte Teilung des Weins

Die neun Gefäße enthalten insgesamt 45 Maß Wein, sodass jedem Bruder drei Gefäße und 15 Maß Wein zustehen. Der Bruder, der das Gefäß mit dem einen Maß Wein erhält, muss dazu noch die beiden Gefäße mit 5 und 9 Maß oder mit 6 und 8 Maß bekommen. Andere Möglichkeiten gibt es nicht. Für beide Fälle liegt nun, wie man leicht überprüfen kann, eindeutig fest, welche Gefäße die beiden anderen Brüder erhalten müssen.

1. Möglichkeit:	*2. Möglichkeit:*
1. Bruder: 1, 5, 9	1. Bruder: 1, 6, 8
2. Bruder: 2, 6, 7	2. Bruder: 2, 4, 9
3. Bruder: 3, 4, 8	3. Bruder: 3, 5, 7

Bei einem magischen Quadrat 3. Ordnung sind die Zahlen von 1 bis 9 so auf ein 3×3-feldiges Raster verteilt, dass die Summe der drei Zeilen, der drei Spalten und der beiden Diagonalen jeweils 15 ist. Dieses magische Quadrat gibt aber auch beide Lösungen von Abt Alberts Verteilungsproblem wieder: Die drei Zeilen nennen die erste Möglichkeit und die drei Spalten die zweite Möglichkeit.

6	7	2
1	5	9
8	3	4

34. Die Vierteltaube

Bezeichnet man die Anzahl der am Baum vorüberfliegenden Tauben mit x, lässt sich die Antwort auf die Frage der Vierteltaube durch die Gleichung

$$x + x + \frac{x}{2} + \frac{x}{4} + \frac{1}{4} = 25$$

darstellen. Löst man sie auf, erhält man $x = 9$ Tauben.

Wie eine sprechende Vierteltaube aussehen könnte, lässt der Autor des Columbia-Algorithmus offen. Auch die der Lösung beigefügte Zeichnung ist da nicht sehr erhellend.

35. Die Schachlegende

König Shirham musste Sissa ibn Dahir für das erste Schachbrettfeld $1 = 2^0$ Weizenkorn geben, für das zweite $2 = 2^1$ Körner, für das dritte $4 = 2^2$ Körner usw. und schließlich für das 64. Feld 2^{63} Körner. Insgesamt kostete ihn Sissa ibn Dahirs Wunsch

$$s = 2^0 + 2^1 + 2^2 + 2^3 + \ldots + 2^{63}$$

Weizenkörner. Um s berechnen zu können, multipliziert man beide Seiten der Gleichung mit 2. Dadurch erhöht sich auf der rechten Gleichungsseite der Exponent jedes Summanden um 1 und man erhält

$$2s = 2^1 + 2^2 + 2^3 + 2^4 + \ldots + 2^{64}$$

Nun zieht man von der neu gewonnenen Gleichung die ursprüngliche ab und es bleibt

$$s = 2^{64} - 2^{0}$$

übrig. Der König hätte also $2^{64} - 1 = 18\,446\,744\,073\,709\,551\,615$ Weizenkörner an Sissa ibn Dahir geben müssen, aber er konnte den Wunsch unmöglich erfüllen. Die Weizenernte der ganzen Welt hätte dafür nicht ausgereicht. Die Menge der Körner ist so gewaltig groß, dass man damit ein Siebtel der Oberfläche der Erdkugel einschließlich der Meere bedecken könnte.

35. Die unbekannte Erbschaft

Wenn der Mann N Goldstücke in seiner Schatulle hatte und jeder der Söhne n davon erhielt, berechnet sich der Anteil des ältesten Sohnes zu

$$n = 1 + \frac{N - 1}{7}$$

und der des zweitältesten zu

$$n = 2 + \frac{N - n - 2}{7}$$

Setzt man die erste Gleichung in die zweite ein und löst diese dann nach N auf, erhält man $N = 36$. Das wiederum in die erste Gleichung eingesetzt, ergibt $n = 6$. Folglich hatte der Mann $N/n = 6$ Söhne.

37. Die Festung

Nimmt man an, dass der Hauptmann seine n Soldaten so verteilt, dass auf jedem Turm a und auf jeder Mauer b Soldaten stehen, kann man dies durch die beiden Gleichungen

$$4\,(a + b) = n$$

und

$$2a + b = 12$$

beschreiben.

a	b	a
b		b
a	b	a

Löst man die zweite Gleichung nach b auf, erhält man

$$b = 12 - 2a$$

In die erste Gleichung eingesetzt, ergibt dies

$$a = 12 - \frac{n}{4}$$

Daraus ergeben sich folgende Lösungen:

$$n = 44: a = 1 \text{ und } b = 10$$
$$n = 40: a = 2 \text{ und } b = 8$$
$$n = 36: a = 3 \text{ und } b = 6$$
$$n = 32: a = 4 \text{ und } b = 4$$

Das Problem ist auch noch für $n = 48$, 28 und 24 lösbar. Würde der Hauptmann seine Soldaten so verteilen, dass nicht auf jedem Turm und jeder Mauer jeweils gleich viele Männer stehen, gäbe es noch zahlreiche weitere Lösungsmöglichkeiten.

38. Der Dieb im Schloss

Am einfachsten lässt sich das Problem lösen, indem man das Problem von hinten aufrollt und rückwärts rechnet. Zum Schluss hatte der Dieb 100 Gulden im Sack. Zuvor hatte er 25 Gulden vom dritten Pförtner bekommen, davor also 75 Gulden besessen. Davor hatte er die Hälfte seines Geldes dem dritten Pförtner gegeben. Als er an die dritte Pforte kam, hatte er also 150 Gulden gehabt. Rechnet man nach diesen Verfahren weiter zurück, erfährt man, dass der Dieb zu Anfang 200 Gulden gestohlen hatte und der erste Pförtner das gesamte Geld, das er für den Durchlass genommen hatte, dem Dieb wieder zurückgegeben hatte.

39. Die Reise nach Rom

Da Heynrich sich neun Tage früher auf die Reise nach Rom begab als Contz, hatte er neunzig Meilen Vorsprung. Bezeichnet man die Anzahl der Tage, die Contz wandern musste, bis er Heynrich einholt hatte, mit x, kann man die Angaben aus der Aufgabe durch die Gleichung

$$13x = 10x + 90$$

beschreiben. Löst man sie auf, erhält man, dass Contz nach $x = 30$ Tagen Heynrich erreicht hatte.

40. Die Münzen im Stern

Viele versuchen, sich beim Lösen des Problems von der Nummerierung der Sternspitzen leiten zu lassen, und tappen dadurch in eine Falle. Zeichnet man jedoch in Gedanken den Stern mit einem Stift in einem Zug nach und nummeriert die Spitzen in der Reihenfolge, in der man sie erreicht, wird die Aufgabe ganz einfach. Die erste

Münze wird auf die zweite Spitze gelegt und auf die erste geschoben, dann wird die zweite Münze auf die dritte Spitze gelegt und zur zweiten geschoben. Auch alle weiteren Münzen werden nach dem gleichen Verfahren auf dem Stern platziert.

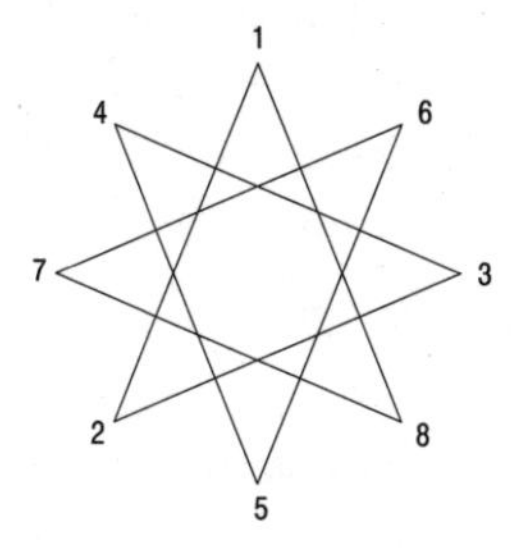

41. Rechner, gebet eine Zahl

Hemelings Verse können durch die Gleichung

$$\frac{1}{8}x + 150 = \frac{3}{4}x + 50$$

wiedergeben werden, wobei x die gesuchte Zahl ist. Löst man sie auf, erhält man $x = 160$.

41. Newtons Ochsen

Die Menge Gras, die ein Ochse pro Woche frisst, wird mit a bezeichnet und die Menge Gras, die auf einem Morgen Wiese pro Woche wächst, mit b. Aus dem ersten Satz der Aufgabe ergeben sich die beiden Gleichungen

$$\frac{10}{3} - 12 \cdot 4 \cdot a + \frac{10}{3} \cdot 4 \cdot b = 0$$

$$10 - 21 \cdot 9 \cdot a + 10 \cdot 9 \cdot b = 0$$

Löst man sie nach einem der üblichen Verfahren auf, erhält man $a = 5/54$ und $b = 1/12$. Bezeichnet man die Anzahl der Ochsen aus dem zweiten Satz der Aufgabe mit c, lässt sich dieser als

$$24 - c \cdot 18 \cdot a + 24 \cdot 18 \cdot b = 0$$

schreiben. Setzt man nun noch für a und b die zuvor erhaltenen Werte ein und löst die Gleichung nach c auf, erhält man, dass die Wiese 36 Ochsen ernähren kann.

43. Die Grundstücksteilung

Die Abbildung zeigt, wie das Grundstück geteilt werden muss, damit jeder der vier Söhne ein deckungsgleiches Stück bekommt.

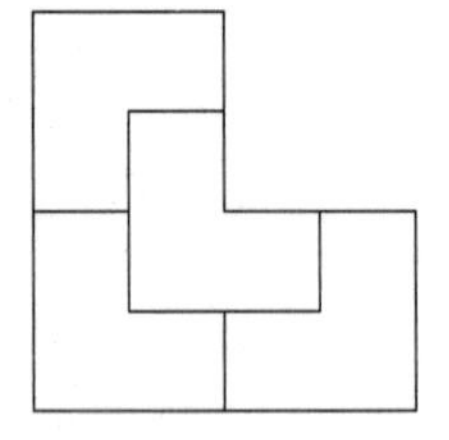

44. Der Treffpunkt der Uhrzeiger

Um Mitternacht und am Mittag zeigen der Minuten- und der Stundenzeiger beide auf die Zwölf. Zwischendurch treffen sie sich noch zehn weitere Male und unterteilen dadurch die zwölf Stunden in elf gleich lange Intervalle. Zwischen zwei Treffen der Zeiger verstreichen folglich $12/11$ Stunden. Das Treffen zwischen 4 und 5 Uhr ist das vierte nach Mitternacht. Somit sind seit Mitternacht $4 \cdot 12/11 = 4\,4/11$ Stunden verstrichen. Die beiden Zeiger stehen also um $4/11$ Stunden oder um 21 Minuten und $49\,1/11$ Sekunden nach 4 Uhr genau übereinander.

45. Die Königsberger Brücken

Den Stadtplan Königsbergs lässt sich vereinfachen, indem man die Stadtteile durch Punkte ersetzt und die Brücken durch Linien, die die Punkte miteinander verbinden.

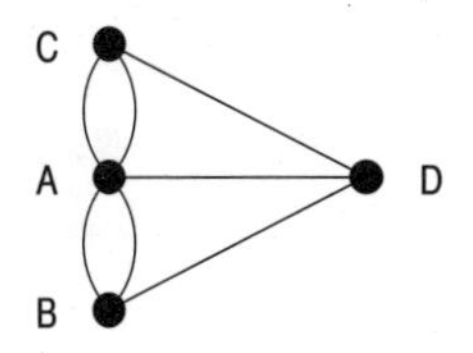

Wenn man nun über eine Linie in einen Punkt hineinläuft, soll man ihn auch wieder verlassen können. Da keine Linie mehrfach benutzt und auch keine Linie ausgelassen werden darf, muss folglich die Anzahl der Linien, die sich in einem Punkt treffen, geradzahlig sein. Auch vom Startpunkt müssen geradzahlig viele Linien ausgehen, da er ja gleichzeitig Zielpunkt ist. In dem Diagramm enden aber an jedem der vier Punkte ungeradzahlig viele Linien; folglich ist das Problem der Königsberger Brücken unlösbar.

46. Die mathematischen Löcher

Es gibt mehrere Körper, die sich konturengleich durch die drei Löcher stecken lassen. Die einfachste Form und gleichzeitig die mit dem größten Volumen erhält man, indem man einen geraden Kreiszylinder nimmt, dessen Durchmesser und Höhe gleich sind, und davon dann durch zwei ebene Schnitte zwei gleiche Stücke so entfernt, wie es in der Zeichnung dargestellt ist. Nun ist die Kontur in der Draufsicht ein Kreis, in der Seitenansicht ein gleichschenkliges Dreieck und in der Vorderansicht ein Quadrat.

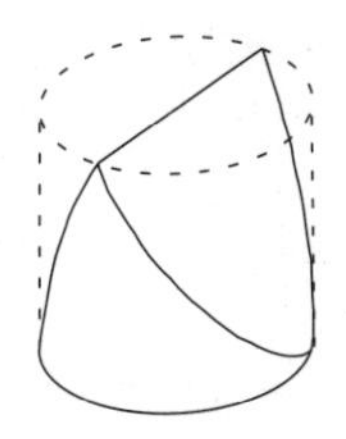

47. Baumreihen

Pflanzt man die neun Bäume so an, wie es die Skizze zeigt, bilden sie zehn gerade Reihen mit jeweils drei Bäumen.

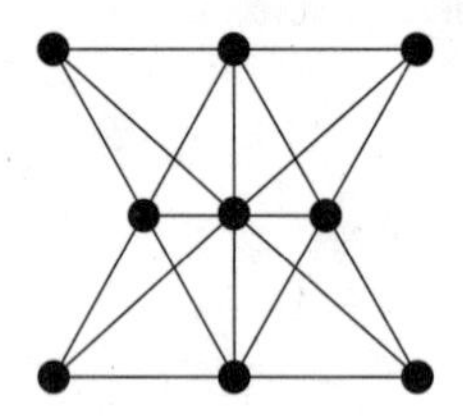

Die Mathematiker haben dieses Problem zu folgender Frage verallgemeinert: Wenn man n Bäume in geraden Reihen mit jeweils genau k Bäumen pflanzen soll, wie viele Baumreihen $r(k, n)$ sind dann maximal möglich? Pflanzt man beispielsweise 3 Bäume so, dass in jeder Reihe auch 3 Bäume stehen, ist maximal $r(3{,}3) = 1$ Reihe möglich. Auch bei 4 Bäumen und 3 Bäumen pro Reihe lässt sich nur $r(3{,}4) = 1$ Reihe pflanzen. Erst bei 5 Bäumen und 3 Bäumen pro Reihe kann man $r(3{,}5) = 2$ Reihen erreichen. Für die Baumzahlen von 6 bis 12 ergeben sich bei 3 Bäumen pro Reihe die Reihenzahlen $r(3{,}6) = 4$, $r(3{,}7) = 6$, $r(3{,}8) = 7$, $r(3{,}9) = 10$, $r(3{,}10) = 12$, $r(3{,}11) = 16$ und $r(3{,}12) = 19$.

48. Das Münzsprungproblem

Die zehn einzelnen Münzen können, wie es die Skizze zeigt, zu fünf Zweierstapeln umgeordnet werden. Dazu sind fünf Schritte notwendig.

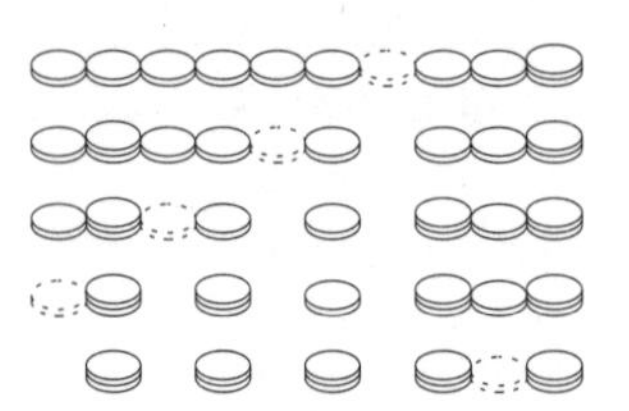

49. Die rollende Münze

Die Münze hat sich bei einem Umlauf zweimal um sich selbst gedreht. Probieren Sie es am besten selbst mit zwei 1-Euro-Stücken aus. Wie kommen die beiden Umdrehungen zustande? Liefe die Münze auf einer geraden Bahn, die die Länge eines Münzumfangs hat, würde sie sich zwischen Start und Ziel einmal um die eigene Achse drehen. Da aber die Bahn selbst auch noch kreisförmig ist, kommt dadurch noch eine zusätzliche Umdrehung der Münze mit ins Spiel.

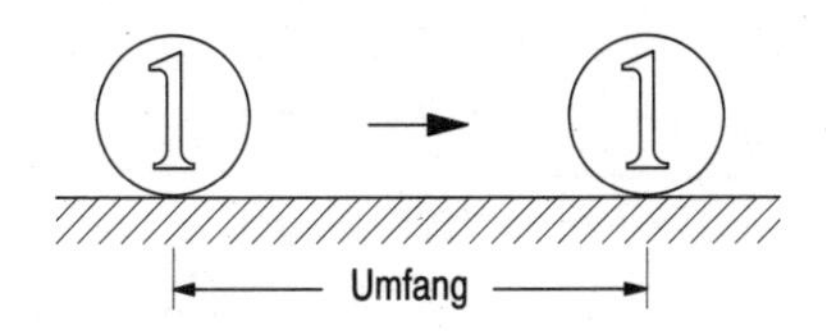

50. Die Fähren

Es sind nicht nur sieben oder acht Fähren, die man unterwegs trifft. Man vergisst schnell, dass man auch noch Schiffen begegnet, die schon mehrere Tage vor dem eigenen gestartet sind. Am einfachsten sieht man die Lösung in einem Weg-Zeit-Diagramm.

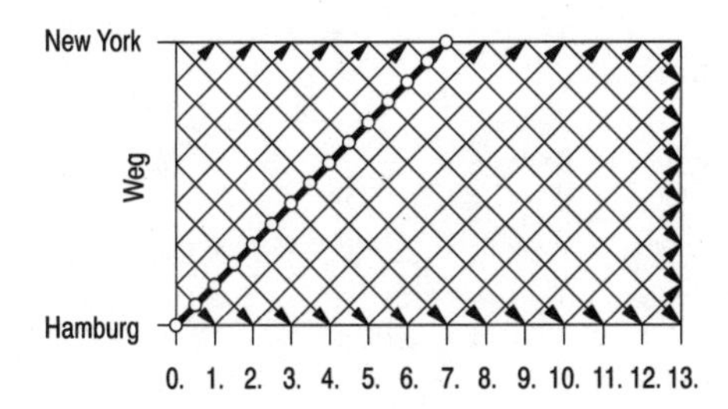

Man kann dort direkt ablesen, dass man unterwegs fünfzehn Fähren trifft, einschließlich der beiden, denen man beim Ab- und Anlegen begegnet.

51. Die heilige Sieben

Bezeichnet man die gesuchte Zahl mit x, lassen sich die Rechenschritte, die in dem Gedicht gemacht werden, durch die Gleichung

$$\left(\frac{x + 90}{18} + 18\right) \cdot 3 - 84 = 7$$

beschreiben. Löst man sie nach x auf, so erhält man $x = 132$.

52. Die vier Vieren

Die kleinste Zahl, die sich nicht durch genau vier Vieren und zusätzliche Plus-, Minus- und Wurzelzeichen, Malpunkte und Bruchstriche darstellen lässt, ist die 19. Für die Zahlen von 1 bis 18 gibt es eine ganze Reihe von Möglichkeiten, wie man sie schreiben kann. Hier ist nur jeweils ein Beispiel aufgeführt.

$1 = \frac{44}{44}$ $\quad 7 = \frac{44}{4} - 4$ $\quad 13 = \frac{44}{4} + \sqrt{4}$

$2 = \frac{4}{4} + \frac{4}{4}$ $\quad 8 = 4 + 4 + 4 - 4$ $\quad 14 = 4 + 4 + 4 + \sqrt{4}$

$3 = \frac{4 + 4 + 4}{4}$ $\quad 9 = \frac{4}{4} + 4 + 4$ $\quad 15 = \frac{44}{4} + 4$

$4 = \frac{4 - 4}{4} + 4$ $\quad 10 = \frac{44 - 4}{4}$ $\quad 16 = 4 + 4 + 4 + 4$

$5 = \frac{4 \cdot 4 + 4}{4}$ $\quad 11 = \frac{44}{\sqrt{4} + \sqrt{4}}$ $\quad 17 = \frac{4}{4} + 4 \cdot 4$

$6 = \frac{4 + 4}{4} + 4$ $\quad 12 = \frac{44 + 4}{4}$ $\quad 18 = 4 \cdot 4 + 4 - \sqrt{4}$

53. Die vertauschten Uhrzeiger

Betrachten wir zunächst einmal eine Uhr, deren Zeiger nicht vertauscht wurden. In der Zeit, in der der Stundenzeiger sich auf dem Zifferblatt von einer Zahl zur nächsten bewegt, macht der Minutenzeiger eine ganze Runde. Oder anders ausgedrückt: Zu jeder beliebigen Stellung des Minutenzeigers gibt es zwischen jedem Paar benachbarter Zahlen eine dazugehörige Stellung des Stundenzeigers. Jetzt nehmen wir an, dass die Zeiger vertauscht sind. Der sich nun schnell bewegende Stundenzeiger überstreicht, wenn er sich von einer Zahl zur nächsten bewegt, immer gerade einen Punkt, der mit dem jetzt langsam gehenden Minutenzeiger eine sinnvolle Stellung ergibt. In einer Stunde gibt es folglich zwölf und in einem vollständigen Uhrenzyklus, also in zwölf Stunden, $12 \cdot 12 = 144$ sinnvolle Zeigerstellungen. Die identischen Zeigerstellungen von 0.00 Uhr und 12.00 Uhr dürfen allerdings nur einmal gezählt werden, sodass sich letztlich nur 143 zulässige Zeigerstellungen ergeben.

54. Die bunten Würfel

Wir färben zunächst die Unterseite des Würfels schwarz. Nun gibt es noch fünf verschiedene Möglichkeiten für die Farbe der Oberseite. Bei jeder dieser fünf Möglichkeiten bleiben jeweils vier Farben für die vier Seitenflächen des Würfels übrig. Nennen wir diese Farben einmal a, b, c und d. Nun streichen wir eine dieser Seitenflächen mit der Farbe a an. Dann gibt es noch insgesamt sechs Möglichkeiten, wie die drei verbleibenden Seitenflächen gefärbt werden können. Diese sind im Uhrzeigersinn, von der mit a gefärbten Fläche aus gesehen, bcd, bdc, cbd, cdb, dbc und dcb. Folglich können mit sechs Farben insgesamt $5 \cdot 6 = 30$ Würfel unterschiedlich gefärbt werden.

55. Die Ahnen

Der Fehler bei dieser Überlegung liegt in der Annahme, dass alle Vorfahren einer Generation verschiedene Personen sind. Tatsächlich ist man mit den meisten seiner Ahnen über viele Wege verwandt, und deshalb sind es sehr viel weniger Menschen, als die Berechnung ergibt. In der Beispielskizze sieht man, dass zwei Urgroßväter dieselben Eltern hatten. Dadurch beträgt die Anzahl der Ahnen in der fünften Vorgeneration nicht $2^5 = 32$, sondern nur 30. Dies wirkt sich auch auf alle weiteren Generationen davor aus. Es gab im Verlauf der 62 Generationen eine Unmenge solcher Verbindungen, die die Zahl Vorfahren enorm reduzieren. In Wirklichkeit lebten im Jahre 340 sogar erheblich weniger Menschen auf der Welt als heute.

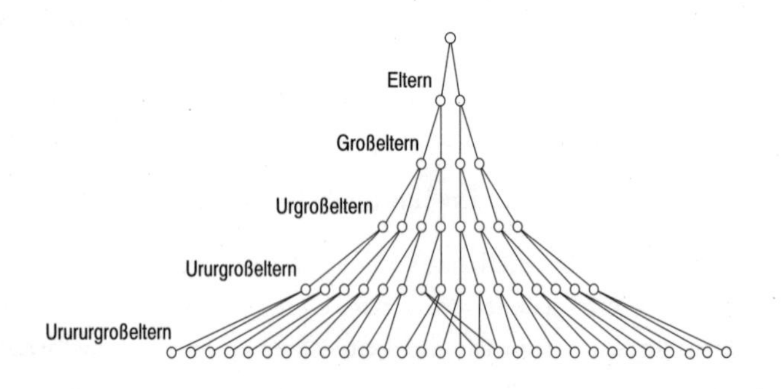

56. Der Weg des Hundes

Dieses Problem kann mit der Mathematik der unendlichen Reihen gelöst werden. Aber das ist völlig unnötig, denn es geht auch einfacher. Der zweite Mann ist um 2 km/h schneller als der erste. Darum holt er den ersten Mann, der 8 km Vorsprung hat, in vier Stunden ein. Da der Hund mit 15 km/h hin- und herrennt, legt er in diesen vier Stunden eine Strecke von $4 \cdot 15$ km = 60 km zurück.

57. Der Bücherwurm

Wenn die Bücher ordnungsgemäß ins Regal gestellt wurden, also der zweite Band rechts vom ersten Band steht, dann liegen der vordere Buchdeckel des ersten Bandes und der hintere Deckel des zweiten Bandes direkt aneinander. Der Bücherwurm braucht sich also nur durch einen Deckel zu nagen, wofür er eine Stunde benötigt, um auf den hinteren Deckel des zweiten Bandes zu stoßen.

58. Das Halskettenproblem

Die meisten Menschen glauben, dass der Juwelier insgesamt zwölf kleine Glieder an den Enden der zwölf Kettenstücke öffnen und wieder schließen muss und somit die Frau 180 Cent zahlen muss. Doch es geht auch billiger. Wenn der Juwelier alle zehn Glieder der beiden fünfgliedrigen Kettenstücke mit kleinen Endgliedern öffnet, so kann er damit die verbleibenden zehn Kettenstücke verbinden. Da diese beiden kurzen Stücke aus sechs kleinen und vier großen Gliedern bestehen, kostet die Arbeit nur 170 Cent.

59. Der Sternenhimmel

Es war in der Aufgabe nicht verboten worden, dass der neue Stern einen anderen Stern umschließt.

60. Die Zerstörung der Quadrate

Von den vierzig Streichhölzern, die ein Netz aus Quadraten bilden, müssen mindestens neun entfernt werden, damit alle Quadrate jeder Kantenlänge zerstört werden. Eine Lösung ist in der Abbildung skizziert.

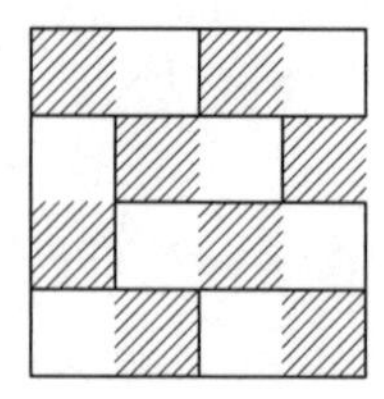

Um zu beweisen, dass mindestens neun Streichhölzer entfernt werden müssen, werden die Quadrate des Musters schachbrettartig gefärbt. Die schwarzen Quadrate haben untereinander keine gemeinsamen Kanten. Um also die acht schwarzen Quadrate zu zerstören, muss man mindestens ein Streichholz aus jedem Quadrat entfernen. Die gleiche Argumentation gilt auch für die acht weißen Quadrate. Da jedoch weiße und schwarze Quadrate gemeinsame Kanten haben, ist es möglich, durch das Fortnehmen eines Holzes gleichzeitig ein schwarzes und ein weißes Quadrat zu zerstören. Man kann also durch das Entfernen von acht Streichhölzern alle Quadrate von einem Holz Kantenlänge zerstören. Diese acht Hölzer liegen aber, wenn sie gleichzeitig jeweils zu einem weißen und einem schwarzen Quadrat gehören, alle im Inneren des Musters. Das große äußere Quadrat von vier Hölzern Kantenlänge muss somit noch zusätzlich zerstört werden, indem man ein neuntes Streichholz vom Rand fortnimmt.

61. Das rechtwinklige Zwölfeck

Wenn man annimmt, dass das Zwölfeck konvex ist, also keine Einbuchtungen hat, kann es nicht rechtwinklig sein. Dies wurde jedoch keineswegs vorausgesetzt. Die Abbildung zeigt ein gleichseitiges Zwölfeck, bei dem die benachbarten Seiten rechtwinklig aufeinandertreffen.

62. Was it a rat I saw?

Wir betrachten zunächst nur ein Viertel des Bretts und lassen den König nur die drei Wörter RAT I SAW ziehen. Da das R nur auf einem Feld vorkommt, muss dort der Weg beginnen. Der König hat nun bei jedem Zug zwei Möglichkeiten, wie er weitergehen kann. Da er vom R aus noch sechs Züge machen muss, sind dies insgesamt $2^6 = 64$ Möglichkeiten.

W						
A	W					
S	A	W				
I	S	A	W			
T	I	S	A	W		
A	T	I	S	A	W	
R	A	T	I	S	A	W

Jede der vier Reihen des vollständigen Bretts, die vom R aus gerade nach links, rechts, oben und unten führen, kann der König an beliebiger Stelle verlassen, aber dann kommt er aus dem Viertel, in das er hineingegangen ist, nicht mehr heraus. Deshalb ist beim vollständigen Brett die Zahl der möglichen Wege, auf denen er RAT I SAW ziehen kann, viermal so groß wie beim Viertelfeld. Allerdings muss man von der Zahl noch wieder 4 abziehen, da man sonst die vier geraden Reihen, die vom R ausgehen, doppelt gezählt hat. Man erhält also insgesamt $4 \cdot 2^6 - 4 = 252$ mögliche Wege. Da WAS IT A R genau die Umkehrung von RAT I SAW ist, kann der König die Satzhälfte WAS IT A R auf genauso vielen Wegen vom Rand zur Mitte ziehen wie die Satzhälfte RAT I SAW von der Mitte zum Rand. Somit gibt es für den König insgesamt $252^2 = 63\,504$ Wege, um das Palindrom WAS IT A RAT I SAW zu bilden.

63. Martinsgänse

Am einfachsten lässt sich das Rätsel lösen, indem man das Pferd von hinten aufzäumt. Besaß der Bauer nach seinem dritten Kunden noch x Gänse, verkaufte er dem vierten Kunden ($x/5 + 1/5$) Gänse und behielt 19 Gänse übrig. Dies kann durch die Gleichung

$$x - \frac{x}{5} - \frac{1}{5} = 19$$

beschrieben werden. Löst man sie auf, erkennt man, dass der Bauer nach seinem dritten Kunden noch $x = 24$ Gänse besaß. Nun geht man einen Schritt zurück. Hatte der Bauer nach seinem zweiten Kunden noch x Gänse und verkaufte dem dritten Kunden ($x/4 + 3/4$) Gänse, so blieben ihm noch 24 Gänse. Dies ergibt die Gleichung

$$x - \frac{x}{4} - \frac{3}{4} = 24$$

und die Gänsezahl $x = 33$. Wieder gehen wir einen Schritt zurück. Nach dem ersten Kunden hatte der Bauer noch x Gänse, von denen er dem zweiten Kunden ($x/3 + 1/3$) Gänse verkaufte, sodass ihm noch 33 Gänse blieben. Daraus ergibt sich die Gleichung

$$x - \frac{x}{3} - \frac{1}{3} = 33,$$

die aufgelöst zur Gänsezahl $x = 50$ führt. Im letzten Schritt bezeichnen wir die Anzahl der Gänse, die der Bauer am Morgen zum Markt trieb, mit x. Er verkaufte davon ($x/2 + 1/2$) Gänse an seinen ersten Kunden und behielt 50 Gänse übrig. Daraus folgen die Gleichung

$$x - \frac{x}{2} - \frac{1}{2} = 50$$

und die Gänsezahl $x = 101$. Wie man sieht, musste der Bauer bei den Verkäufen, trotz der vielen Bruchteile von Gänsen, kein einziges Tier töten und zerteilen.

64. Send more money

$$\begin{array}{r} \text{S E N D} \\ +\ \text{M O R E} \\ \hline \text{M O N E Y} \end{array}$$

Die Summe zweier vierstelliger Zahlen kann höchstens 19 998 betragen. Also muss MONEY mit M = 1 beginnen. Da das S von SEND maximal eine 9 sein kann und das M von MORE eine 1 ist, kann das O in MONEY nur eine 0 oder, falls es einen Übertrag gibt, eine 1 sein. Die 1 scheidet aus, da sie schon durch das M besetzt ist. MONEY muss größer als 10 200 und MORE kleiner als 1099 sein. Das bedeutet, SEND ist größer als 10 200 – 1099 = 9101. S ist somit eine 9.

In der dritten Spalte von rechts wird zu E eine 0 addiert, und man erhält N. Folglich gibt es in der zweiten Spalte von rechts einen Übertrag von 1, und N ist um 1 größer als E. In der zweiten Spalte von rechts wird R zu N addiert und ergibt das um 1 kleinere E. Somit ist R entweder 9 oder, falls es in einen Übertrag gibt, 8. Da S = 9 ist, muss R = 8 sein.

D + E kann nun nur einen Wert von 12 bis 17 haben, also 5 + 7 = 12 oder 6 + 7 = 13. E muss also 5, 6 oder 7 sein. N ist um 1 größer als E, also 6, 7 oder 8. Dies lässt sich nur mit der ersten Möglichkeit vereinbaren.

$$\begin{array}{r} 9\,5\,6\,7 \\ +\,1\,0\,8\,5 \\ \hline 1\,0\,6\,5\,2 \end{array}$$

Der Student möchte also 10 652 Pfund von seinem Vater haben.

65. Die Farbe des Bären

Das Problem scheint unlösbar zu sein: Was hat die Farbe des Bären mit der Wanderung des Jägers zu tun? In der Überraschung übersieht man leicht, dass man normalerweise nach zweimaligem rechtwinkligen Abbiegen nicht zum Ausgangspunkt zurückkehren kann. Und darin liegt der Schlüssel des Rätsels: Der Jäger geht morgens am Nordpol los und wandert auf einem Meridian nach Süden. Nach zehn Kilometern biegt er ab und marschiert zehn Kilometer entlang eines Breitenkreises, der natürlich immer den gleichen Abstand vom Nordpol bewahrt. Schließlich kehrt er auf einem weiteren Längenkreis zurück zum Pol. Und da die einzigen Bären in der Arktis Eisbären sind, muss die Farbe seiner Beute weiß sein.

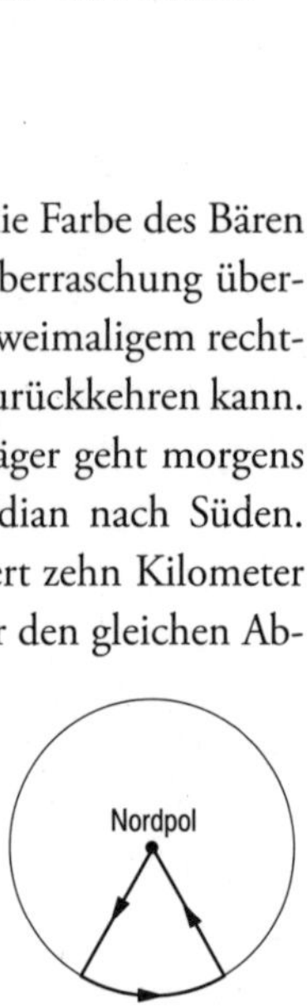

66. Falsches Wurzelziehen

Man kann das fehlerhafte Wurzelziehen aus einer gemischten Zahl allgemein als

$$\sqrt{x + \frac{y}{z}} = x \cdot \sqrt{\frac{y}{z}}$$

schreiben. Dabei sind x, y und z natürliche Zahlen. Diese Gleichung wird zunächst zu

$$x + \frac{y}{z} = x^2 \cdot \frac{y}{z}$$

quadriert und dann nach y/z aufgelöst. Dadurch erhält man

$$\frac{y}{z} = \frac{x}{x^2 - 1}$$

Für $x = 1$ ist diese Gleichung nicht definiert. Für alle anderen Werte von x lässt sich der Bruch $x/(x^2 - 1)$ nicht kürzen, da x und $x^2 - 1$ keinen gemeinsamen Teiler haben können. Damit erhält man für jeden Wert von x, der größer als 1 ist, eine gemischte Zahl $x + y/z$, aus der durch fehlerhaftes Wurzelziehen ein richtiges Ergebnis entsteht. Die neun kleinsten dieser gemischten Zahlen sind $2\frac{2}{3}$, $3\frac{3}{8}$, $4\frac{4}{15}$, $5\frac{5}{24}$, $6\frac{6}{35}$, $7\frac{7}{48}$, $8\frac{8}{63}$, $9\frac{9}{80}$ und $10\frac{10}{99}$.

67. Der Streichholzhund

In der Aufgabe wurde nicht gefordert, dass der Hund nach rechts laufen, sondern nur, dass er nach rechts sehen soll. Und das kann er auch, indem er einfach seinen Kopf dreht.

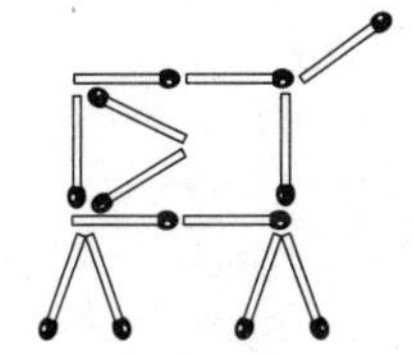

68. Das Streichholzquadrat

Streichhölzer haben nicht nur lange Kanten, sondern auch kurze, und es wurde nicht verlangt, dass das Quadrat von den langen Seiten der Hölzer begrenzt werden soll. Man braucht also nur das rechte Streichholz um wenige Millimeter zur Seite zu schieben und erhält sofort ein winziges Quadrat in der Mitte zwischen den vier Hölzern.

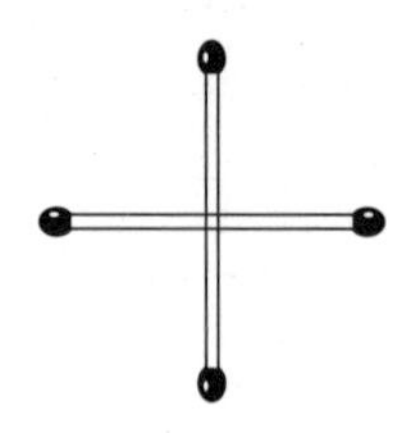

69. Wem die Stunde schlägt

Die Antwort «zwölf Sekunden» ist falsch. Der Glockenschlag selbst ist sehr kurz; praktisch die gesamte Zeit wird für die Pausen zwischen den Schlägen gebraucht. Wenn die Kirchturmuhr acht Uhr schlägt, dauern die sieben Pausen acht Sekunden. Also hat jede Pause eine Länge von $\frac{8}{7}$ Sekunden. Folglich braucht die Uhr für den Zwölf-Uhr-Schlag elf Pausen und somit $11 \cdot \frac{8}{7} = 12\frac{4}{7} \approx 12{,}57$ Sekunden.

70. Zigarettenkippen

Mr Scrooge konnte insgesamt 156 Zigaretten rauchen. Zuerst hatte er die 125 geschenkten Zigaretten, dann konnte er aus den 125 Kippen 25 neue Zigaretten drehen und rauchen. Dabei blieben wieder 25 Kippen übrig, aus denen er sich noch einmal 5 Zigaretten drehen konnte. Die 5 übrig gebliebenen Kippen ergaben schließlich noch eine letzte Zigarette.

Das Problem kann man leicht verallgemeinern. Wie viele Zigaretten r kann Mr Scrooge insgesamt rauchen, wenn er n Zigaretten geschenkt bekommt und aus jeweils m Kippen eine neue Zigarette drehen kann? Dabei sind n und m beliebige natürliche Zahlen. Der österreichische Mathematiker Helmut Postl hat hierfür 1994 die Lösung

$$r = \left[\frac{nm - 1}{m - 1} \right]$$

gefunden.[96] Die eckigen Klammern sind Gauß-Klammern und bedeuten, dass der umklammerte Ausdruck auf eine ganze Zahl abgerundet wird.

71. Das Münzdreieck

Überraschenderweise reicht es aus, nur die drei Eckmünzen zu verschieben, um das Dreieck auf den Kopf zu stellen.

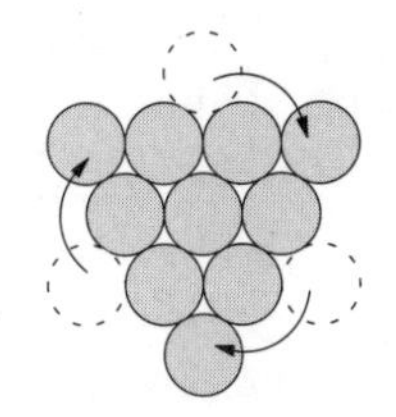

72. Ruß auf der Stirn

In der ursprünglichen Form der Aufgabe sieht der Junge mit dem sauberen Gesicht Schmutz im Gesicht des anderen Jungen und denkt, seines sei auch dreckig, und wäscht es sich darum. Der Junge mit dem schmutzigen Gesicht sieht das saubere Gesicht des anderen und deshalb kommt er gar nicht auf den Gedanken, seines könne dreckig sein.

Hat in Bukers und Bennetts Form des Problems nur ein Gefangener einen Rußflecken auf der Stirn, sieht er bei seinen Leidensgefährten nur saubere Gesichter. Da es mindestens einen Rußfleck gibt, weiß er, dass seine Stirn schmutzig ist, und sagt dies auch sofort in der ersten Runde. Wenn es zwei Rußflecken gibt, meldet sich in der ersten Runde niemand, da jeder Gefangene mindestens einen Rußfleck gesehen hat. Zwei Gefangene haben je einen Flecken und alle anderen zwei Flecken gesehen. Die beiden, die nur einen Flecken sehen, wissen darum in der zweiten Runde, dass sie eine rußige Stirn haben, und sagen dies auch. Und so geht es weiter. Haben allgemein n Gefangene einen Rußfleck auf der Stirn, so hat sich in den ersten $n-1$ Runden niemand gemeldet, da alle Gefangenen mindestens $n-1$ Flecken sehen. In der n-ten Runde werden sich nun genau die n Gefangenen melden, die exakt $n-1$ Flecken sehen, und sagen, dass ihre Stirn rußig ist.

73. Die Kubikzahlentreppe

Es gibt insgesamt zwölf vierstellige Kubikzahlen: 1000, 1331, 1728, 2197, 2744, 3375, 4096, 4913, 5832, 6859, 8000 und 9261. Im Inneren der Treppe ist jede Endziffer einer Zahl gleichzeitig die Anfangsziffer der nächsten Zahl. Die 0 taucht zweimal und die 7 einmal bei den zwölf Kubikzahlen als Endziffer auf, aber keinmal als Anfangsziffer. Da die Treppe aus zehn Zahlen besteht, muss eine dieser drei Zahlen das untere Ende und die anderen neun Zahlen müssen den Rest der Treppe bilden. Die 1 und die 4 sind bei den zwölf Kubikzahlen jeweils einmal häufiger Anfangs- als Endziffer. Darum muss eine der dazugehörigen Kubikzahlen die erste Stufe bilden, und eine, die mit der anderen der beiden Ziffern beginnt, kann dann gar nicht mehr in der Treppe vorkommen. Da die Treppe aber aus zehn Zahlen besteht, kann dies nur eine Zahl mit der Endziffer 0 oder 7 sein. Hierfür kommt allein 1000 in Frage. Somit beginnt die Treppe mit 4096 oder 4913, doch nur die zweite Zahl führt zu einer Lösung.

74. Moses auf dem Berg Sinai

Es gibt mit Sicherheit einen solchen Punkt. Man stelle sich vor, es war nicht nur Moses, der an verschiedenen Tagen auf- und abstieg, sondern Moses und Aaron waren gleichzeitig unterwegs. Moses stieg den Berg Sinai hinauf und Aaron ihn herab. Aaron ging dabei genauso schnell und langsam und machte die gleichen Pausen wie Moses am nächsten Tag. Irgendwo auf dem Weg mussten sich die beiden treffen, das ließ sich gar nicht vermeiden. Genau das ist der Punkt, wo Moses an beiden Tagen zur gleichen Uhrzeit am selben Ort war.

75. Die Wanderung um den Kegel

Zur Lösung der Aufgabe entfernt man vom Kegel die Basisfläche, schneidet den Mantel entlang derjenigen Flanke auf, auf der die Spinne sitzt, und breitet ihn flach aus. Das Ergebnis ist ein Kreisausschnitt. Da die Kegelbasis einen Durchmesser von 10 cm hat, betragen ihr Umfang und damit auch die Länge des Kreisbogens vom abgewickelten Kegelmantel 10π cm. Der Kegelmantel hat einen Radius von 20 cm. Wäre er ein Vollkreis, hätte er einen Umfang von 40π cm. Weil der Kreisbogen jedoch nur gerade ein Viertel davon ist, ist die Mantelfläche ein Viertelkreis und die beiden den Ausschnitt begrenzenden Radien treffen sich unter einem rechten Winkel. Einmal um den Kegel herumzulaufen bedeutet nun für die Spinne, auf dem abgewickelten Kegelmantel von der Mitte des oberen Randes zur Mitte des linken Randes zu krabbeln. Der kürzeste Weg ist eine gerade Linie, deren Länge man mit dem Satz des Pythagoras zu $10 \cdot \sqrt{2} \approx 14{,}14$ cm berechnen kann.

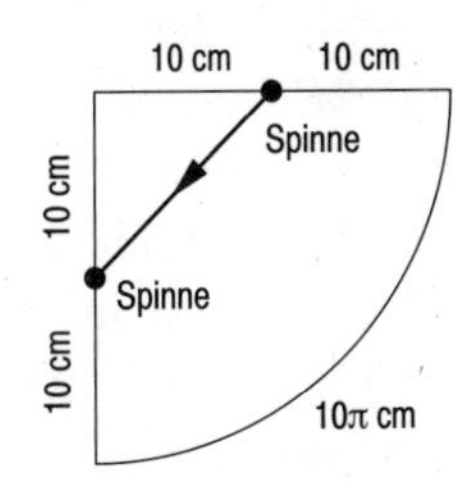

76. Kongruente Dreiecke

Es gibt tatsächlich Dreiecke, die in fünf Bestimmungsgrößen übereinstimmen und doch nicht kongruent sind.

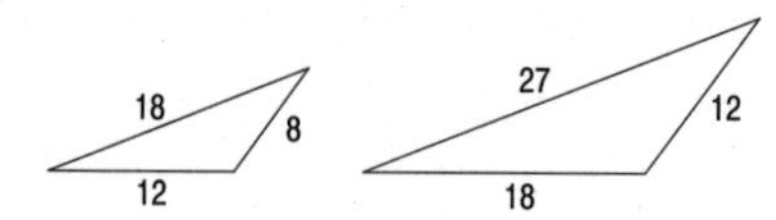

Betrachten Sie das erste Dreieck. Seine drei Seiten sind 8, 12 und 18 Einheiten lang. Das zweite Dreieck hat die gleiche Form wie das erste Dreieck: Die drei Winkel sind bei beiden gleich. Ein Mathematiker würde sagen, die beiden Figuren sind ähnlich. Alle Seiten sind beim zweiten Dreieck anderthalbmal so lang wie beim ersten, trotzdem tauchen bei beiden zwei gleiche Seitenlängen auf: Es gibt jeweils eine 12 und eine 18 Einheiten lange Seite. Die beiden Dreiecke des Beispiels haben also fünf gleiche Bestimmungsgrößen und sind trotzdem nicht kongruent.

Übrigens widerspricht die Behauptung mit den fünf Bestimmungsgrößen aus der Aufgabe keineswegs den Sätzen über die Kongruenz von Dreiecken. Die drei Winkel und die beiden Seiten sind nur nicht vollständig angegeben: Man muss auch ihre gegenseitige Lage festlegen.

77. Das Achteck im Quadrat

Unterteilt man das Quadrat schachbrettartig in 36 kleine Quadrate von einem Zentimeter Seitenlänge, lässt sich die Größe der Achtecksfläche leicht durch Abzählen der kleinen Quadrate ermitteln. Das Achteck besteht aus vier ganzen und vier halben Quadraten, hat somit einen Flächeninhalt von sechs Quadratzentimetern. Übrigens ist das Achteck zwar gleichseitig, aber nicht regelmäßig, denn seine Innenwinkel haben zwei verschiedene Größen.

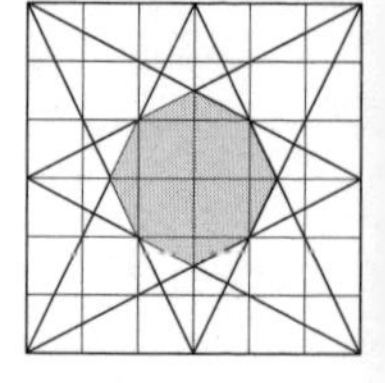

78. Das zerstörte Schachbrett

Ein Schachbrett hat 32 weiße und 32 schwarze Felder; sich diagonal gegenüberliegende Eckfelder sind gleichfarbig. Sägt man sie heraus, so bleiben 32 Felder von der einen und 30 von der anderen Farbe übrig. Ein Dominostein deckt immer ein weißes und ein schwarzes Feld ab, 31 Steine bedecken also 31 schwarze und 31 weiße Felder. Da es aber von der einen Farbe nur 30 Felder gibt, ist eine solche Bedeckung des Schachbretts unmöglich.

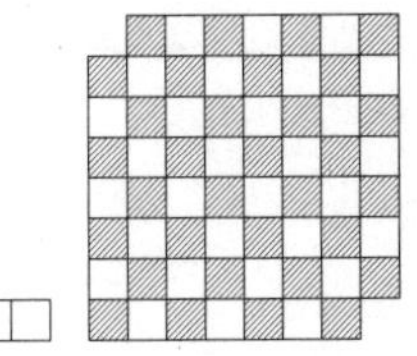

79. Die defekte Waage

Die Lösung des Problems ist verblüffend einfach. Man legt die beiden Gewichtsstücke von je 500 Gramm auf die eine Waagschale und schüttet dann so viel Zucker in die andere Schale, bis die Waage im Gleichgewicht ist. Dann nimmt man die beiden Gewichtsstücke von der ersten Schale herunter und kippt stattdessen so viel Zucker hinein, bis die Waage wieder austariert ist. Nun muss in der ersten Schale genau ein Kilogramm Zucker liegen.

80. Das Dekomino

Es gibt insgesamt sieben verschiedene Möglichkeiten, das Dekomino aus zwei Pentominos zusammenzusetzen. Man kann sie leicht durch systematisches Probieren finden.

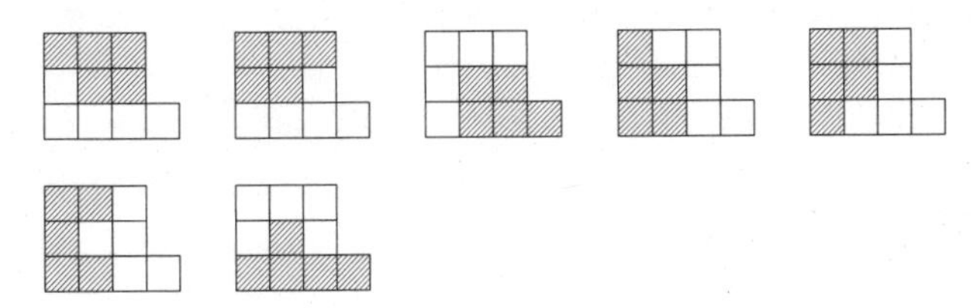

81. Die Summe der Quersummen

Die Lösung ist schnell zu finden, wenn man zusätzlich zu den Zahlen von 1 bis 1 000 000 000 noch die 0 hinzunimmt, die ja die Summe nicht verändert. Man schreibt die Liste der Zahlen zweimal nebeneinander, einmal von 0 bis 999 999 999 und einmal von 999 999 999 bis 0. Die 1 000 000 000 selbst wird erst zum Schluss betrachtet.

000 000 000	999 999 999
000 000 001	999 999 998
000 000 002	999 999 997
000 000 003	999 999 996
000 000 004	999 999 995
...	...
999 999 999	000 000 000

Die Quersumme jedes Zahlenpaares ist immer 81. Die beiden Reihen haben also die Gesamtquersumme von 1 000 000 000 · 81, eine einzelne Reihe hat folglich die Quersumme 40 500 000 000. Nun muss man noch die Quersumme von 1 000 000 000, nämlich 1, hinzuzählen, und man erhält 40 500 000 001.

82. Puzzlespiele

Zu Beginn besteht das Puzzle aus 1000 Teilen, am Ende ist es nur noch ein einziges Teil. Da sich mit jedem Zug die Anzahl der Teile um eines verringert, sind also insgesamt 999 Züge notwendig. Welche Strategie man beim Zusammensetzen verfolgt, spielt dabei keine Rolle. Ja, es ist sogar unmöglich, mehr als 999 Züge zu machen, wenn man nicht zwischendurch schon zusammengesetzte Teile wieder auseinandernimmt.

83. Das verschwundene Quadrat

Der Trick bei dem Rätsel ist, dass das äußere Dreieck eigentlich gar kein Dreieck ist. Die «Hypotenuse» ist nämlich keine gerade Linie, sondern an der Stelle, an der die beiden kleinen Dreiecke aneinanderstoßen, nach innen geknickt. In Wahrheit handelt es sich also um ein Viereck, das einen Flächeninhalt von 32 Quadrateinheiten hat. Auch nach dem Zusammensetzen der vier Einzelteile zur zweiten Figur erhält man kein Dreieck, sondern wieder ein Viereck. Doch diesmal ist die «Hypotenuse» nach außen geknickt, sodass das Viereck jetzt einen Flächeninhalt von 33 Quadrateinheiten hat. Da sich aber natürlich der Flächeninhalt des ersten Viereckes durch das Zerschneiden und Umordnen nicht ändern kann, muss eine Quadrateinheit unbedeckt bleiben.

84. Faktoren ohne Null

Jede positive ganze Zahl lässt sich auf nur eine einzige Art in ein Produkt von Primzahlen zerlegen. Diese Primfaktoren sind bei sehr großen Zahlen manchmal nicht leicht zu finden, bei einer Milliarde jedoch ist dies kein großes Problem.

$$1\,000\,000\,000 = 10^9 = (2 \cdot 5)^9 = 2^9 \cdot 5^9$$

Die Primfaktoren von einer Milliarde sind also neun Zweien und neun Fünfen. Um die gesuchten Zahlen *n* und *m* zu finden, muss man diese achtzehn Primzahlen in zwei Gruppen teilen. Enthält jetzt eine Gruppe wenigstens eine 2 und eine 5, so endet das Produkt auf jeden Fall mit einer Null, denn damit ist der Faktor $2 \cdot 5 = 10$ enthalten. Wenn also *n* und *m* nicht auf Nullen enden sollen, müssen die Zweien und Fünfen streng getrennt bleiben. Es gibt folglich nur eine Kombination für eine mögliche Lösung: 2^9

und 5^9. Multipliziert man diese Potenzen, stellt man fest, dass sie tatsächlich keine Nullen besitzen und somit die Lösung des Problems sind: $512 \cdot 1\,953\,125 = 1\,000\,000\,000$.

85. Der zerstreute Kassierer

Der Scheck war auf d Dollar und c Cent ausgestellt. Der Kassierer hätte also einen Betrag von $(100d+c)$ Cent auszahlen müssen. Stattdessen gab er Mr Brown eine Summe von $(100c+d)$ Cent. Da Mr. Brown, nachdem er 5 Cent ausgegeben hatte, noch doppelt so viel Geld besaß, wie auf seinem Scheck stand, bedeutet dies

$$100c + d - 5 = 200d + 2c$$

Der Centbetrag kann nur eine Zahl von 0 bis 99 sein. Dies gilt auch für den Dollarbetrag, denn sonst hätte der Kassierer ihn nicht mit dem Centbetrag verwechseln können. Nehmen wir zunächst an, der Centbetrag c wäre mindestens 50. Das bedeutet, $2c$ läge in dem Bereich von 100 bis 198. Um die Einer- und Zehnerstellen der Gleichung von den Hunderter- und Tausenderstellen trennen zu können, schreiben wir sie zu

$$100c + (d - 5) = (200d + 100) + (2c - 100)$$

um. Damit lässt sie sich in die beiden Gleichungen

$$c = 2d + 1$$
$$d - 5 = 2c - 100$$

aufspalten. Setzt man die Gleichungen ineinander ein und löst sie auf, erhält man $d = 31$ und $c = 63$.

Nun untersuchen wir noch mit der gleichen Methode den Fall, dass der Centbetrag geringer als 50 ist. Dies führt jedoch zu keinem sinnvollen Ergebnis. Mr Browns Scheck war also auf 31,63 Dollar ausgestellt.

86. Die Fünftelung

Es gibt eine Lösung, und sie ist sogar verblüffend einfach. Die relativ komplizierten Viertelungen aus der Aufgabe sollten Sie nur verwirren und auf die falsche Fährte lenken.

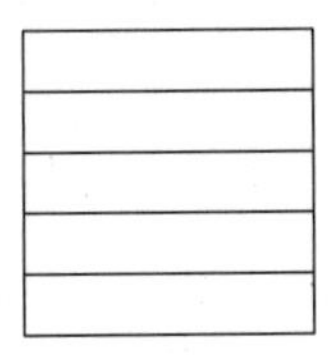

87. Dreieckslinien

Das Dreieck lässt sich zu einem Parallelogramm ergänzen, indem man ein gleiches Dreieck an die Grundseite anschließt. Alle zwanzig Linien sind jetzt zehn Zentimeter lang. Die Gesamtlänge der Linien im Parallelogramm ist folglich $20 \cdot 10$ cm = 200 cm. Davon entfällt die Hälfte, also 100 cm, auf ein Dreieck.

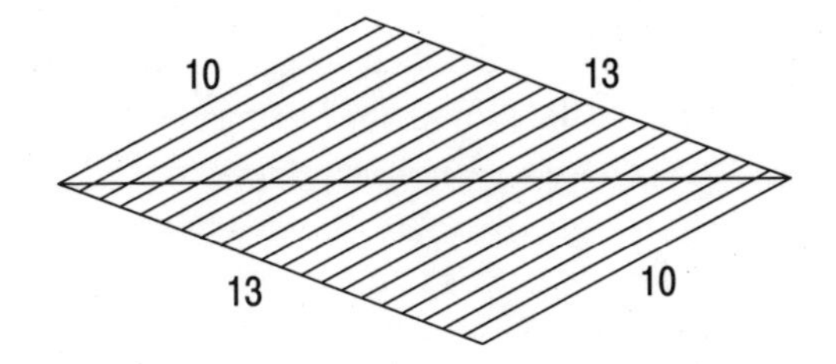

88. Das zerschnittene Oktaeder

Ein Oktaedernetz besteht aus acht zusammenhängenden gleichseitigen Dreiecken. Man kann es auf Karton zeichnen, ausschneiden, knicken und zu einem regulären Oktaeder zusammenkleben.

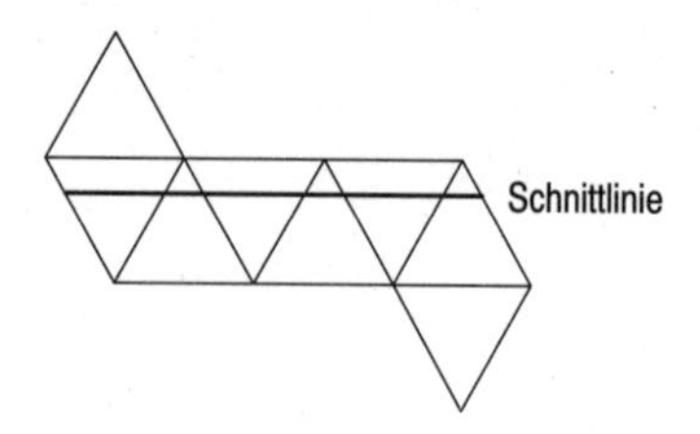

Die Lösung der Aufgabe sieht man sofort, wenn man die Schnittlinie in ein Netz des Oktaeders einzeichnet. Sechs der acht Dreiecke bilden ein Parallelogramm, und die Schnittlinie verläuft parallel zu seinen beiden langen Seiten. Unabhängig davon, in welchem Abstand zu den langen Parallelogrammseiten der Schnitt erfolgt, hat sie immer eine Länge von drei Dreieckseitenlängen oder dreißig Zentimetern.

89. Halloween und Weihnachten

Bei Golombs Gleichung stehen die Abkürzungen Okt. und Dez. nicht für die Monate Oktober und Dezember, sondern für das Oktal- und das Dezimalsystem der Zahlendarstellung. Die Gleichung bedeutet, dass die oktale Zahl 31 im Dezimalsystem der 25 entspricht. Dies lässt sich auch leicht nachprüfen:

$$3 \cdot 8^1 + 1 \cdot 8^0 = 25$$

90. Magische Fünfecke

Eine Reihensumme ist die Summe der drei Zahlen auf einer Seite des Fünfecks. Addiert man alle fünf Reihensummen, gehen in das Ergebnis die Zahlen auf den Seitenmitten einfach und die Zahlen auf den Ecken doppelt ein, weil diese jeweils zu zwei Reihen gehören. Diese Gesamtsumme ist dann am kleinsten, wenn man die Zahlen von 1 bis 5 auf die Ecken und die Zahlen von 6 bis 10 auf die Seitenmitten setzt. So beträgt die kleinstmögliche Gesamtsumme

$$2(1+2+3+4+5)+6+7+8+9+10=70$$

und folglich die minimale magische Konstante $70/5=14$. Bildet man nun alle Tripel von Zahlen, die die Summe 14 ergeben und von denen zwei aus dem Bereich 1 bis 5 sind und eine aus dem Bereich 6 bis 10 ist, erhält man die acht Möglichkeiten (1, 10, 3), (1, 9, 4), (2, 9, 3), (1, 8, 5), (2, 8, 4), (2, 7, 5), (3, 7, 4) und (3, 6, 5). Die 10 kommt nur in einem Tripel vor. Deshalb muss dieses auch in dem magischen Fünfeck vorkommen. Auch die 6 ist nur in einem einzigen Tripel enthalten. Da die 3 schon auf einer Ecke steht, muss dieses Tripel daran anschließen. Nun lassen sich auch die restlichen drei Tripel leicht und eindeutig finden.

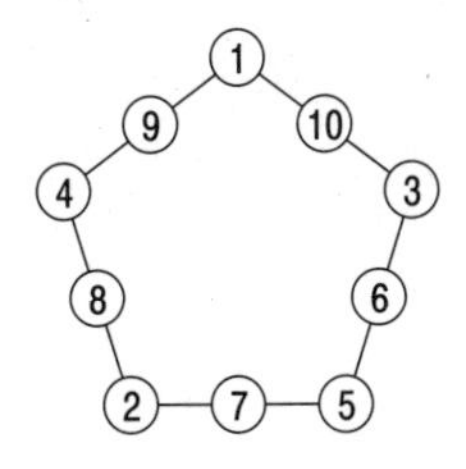

Abgesehen von Drehungen und Spiegelungen des Musters ist dies das einzig mögliche magische Fünfeck mit der magischen Konstante 14. Es gibt allerdings auch noch Fünfecke mit den magischen Konstanten 16, 17 und 19.

91. Das unterstrichene Herz

Die Reihe ist dadurch entstanden, dass die Ziffern von 1 bis 5 jeweils an ihrer linken Kante gespiegelt wurden.

Also muss das nächste Element aus der Sechs gebildet werden.

Eine hübsche Variante dieser Aufgabe stammt von Caponnetto und Ivan Paasche und wurde 1979 in der Zeitschrift *Praxis der Mathematik* veröffentlicht.[97]

Es handelt sich um die zehn Ziffern in Sieben-Segment-Darstellung und ihre Spiegelungen an der linken Kante.

92. Das rollende Dreieck

Der Umfang des Quadrates ist achtmal so lang wie eine Dreiecksseite. Nach acht Abrollungen befindet sich das Dreieck also wieder in seiner Ausgangsstellung. Nach jeder dritten Abrollung ragt die schwarze Ecke ins Innere des Quadrates, ansonsten liegt sie an seinem Umfang. Da 8 nicht durch 3 teilbar ist, zeigt die schwarze Spitze nicht nach oben, wenn das Dreieck die Ausgangsstellung erreicht hat. Erst nach drei kompletten Umläufen durch das Quadrat hat die schwarze Spitze wieder ihre ursprüngliche Position erreicht.

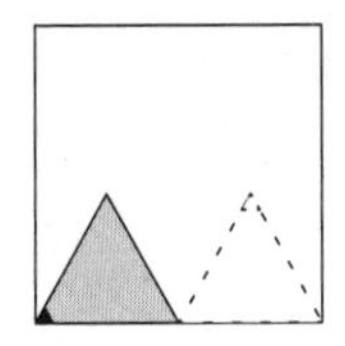
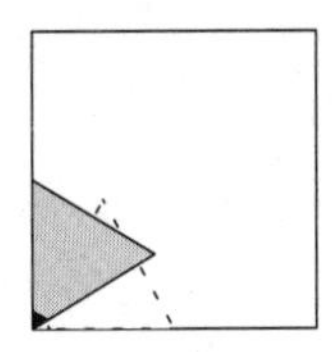

Das Dreieck macht beim Rollen immer abwechselnd zwei verschiedene Bewegungen: eine Drehung um 120° und eine Drehung um 30° jeweils um seine vordere Ecke. Bei 24 Abrollungen dreht sich das Dreieck also insgesamt um 1800°, was fünf vollständigen Umdrehungen entspricht. Die schwarze Ecke macht nur zwei Drittel der Drehungen mit; bei einem Drittel ist sie der Drehpunkt. Das bedeutet, die schwarze Ecke dreht sich nur $^{10}/_{3}$-mal im Kreis. Da die Seiten a des Dreiecks die Radien der Drehkreise sind, hat der gesamte Weg der schwarzen Ecke die Länge

$$\frac{10}{3} \cdot 2\pi a \approx 209{,}44 \text{ cm}$$

93. Zwillingsgeburten

Eine Wahrscheinlichkeit von 3 Prozent ist zwar naheliegend, aber falsch, denn bei 100 Geburten werden im Mittel 97-mal einzelne Kinder und dreimal Zwillinge geboren. Insgesamt kommen also bei 100 Geburten 103 Kinder zur Welt, von denen sechs Zwillinge sind. Ein zufällig ausgewählter Mensch ist folglich mit einer Wahrscheinlichkeit von $6/103$ oder etwa 5,8 Prozent ein Zwilling.

94. Antarktische Temperaturen

Die Erwiderung des europäischen Forschers auf die Frage des amerikanischen, ob es sich um eine Celsius- oder um eine Fahrenheittemperatur handle, ist nur dann verständlich, wenn −40 °C und −40 °F dieselbe Temperatur sind.

Die Fahrenheitskala wurde um 1714 von dem deutschen Physiker und Instrumentenbauer Daniel Gabriel Fahrenheit (1686–1736) entwickelt. Bei dieser Temperaturskala sind der Gefrier- und der Siedepunkt des Wassers mit 32 °F und 212 °F festgelegt. Sie ist heute nur noch in Nordamerika gebräuchlich. Bei der Celsiusskala hingegen entsprechen dem Gefrier- und dem Siedepunkt des Wassers Temperaturen von 0 °C und 100 °C. Sie wurde 1742 von dem schwedischen Astronomen Anders Celsius (1701–1744) eingeführt. Daraus resultiert die Umrechnungsformel

$$T_F = \frac{9}{5} T_C + 32$$

von einer Celsiustemperatur T_C in eine Fahrenheittemperatur T_F.

Setzt man in diese Gleichung die Celsiustemperatur $T_C = -40$ °C ein, erhält man tatsächlich die Fahrenheittemperatur $T_F = -40$ °F.

95. Flucht über die Hängebrücke

Nennen wir den Forscher, der für die Flussüberquerung zwei Minuten benötigt, A und diejenigen, die vier, acht und zehn Minuten brauchen, B, C und D. Die am nächsten liegende Lösung ist, dass A, weil er der Schnellste ist, zusammen mit B über die Brücke geht, dann zurückkommt und C und D holt. Auf diese Weise dauert es 26 Minuten, bis alle Forscher auf der anderen Seite des Flusses sind. Es geht jedoch noch etwas schneller. Zuerst gehen A und B über die Brücke, und A bringt anschließend die Taschenlampe zurück. Danach überqueren C und D den Fluss, und B bringt die Lampe zurück. Zum Schluss gehen A und B wieder über die Brücke. So dauert die gesamte Flussüberquerung nur 24 Minuten.

96. Ein Quadrat aus Rechenstäbchen

Will man mit den Stäbchen die Seiten eines Quadrates legen, ist das Problem unlösbar. Versucht man aber mit ihnen die Quadratfläche zu bilden, ist es ganz einfach. Die sieben Stäbchen werden direkt nebeneinandergelegt, und da sie siebenmal so lang wie breit sind, ergeben sie so ein perfektes Quadrat.

97. Der Blick auf die Würfelecke

Alle Zahlen außer der Eins haben mindestens ein Auge an einer Würfelecke und könnten somit zu den drei sichtbaren Flächen gehören. Der Eins gegenüber liegt die Sechs. Da die Eins auf jeden Fall zu den drei unsichtbaren Flächen gehört, muss die Sechs auf einer der drei sichtbaren liegen. Welche Augenzahlen auf den zwei anderen sichtbaren Flächen liegen, lässt sich jedoch nicht erschließen.

98. Die geheime Nachricht

In der Zeichnung ist der Männername Heinrich zu sehen. Er ist mit weißen Blockschriftbuchstaben geschrieben, von denen jeder vor einem schwarzen, quadratischen Hintergrund steht. Die acht Quadrate sind zu einem Ring geordnet, wobei das erste Quadrat rechts oben steht und die weiteren Quadrate im Uhrzeigersinn folgen. Zeichnet man mit einer dünnen Linie um jedes Quadrat einen Rahmen, kann man das Wort HEINRICH recht leicht erkennen.

99. Richtig oder falsch?

Bis etwa 1200 wurde in Europa nur mit den komplizierten römischen Zahlen gerechnet. Dann übernahmen die Europäer nach und nach die einfacheren arabischen Zahlen. Sowohl in Europa als auch in den arabischen Ländern hat sich das Aussehen der Ziffern in den letzten 800 Jahren verändert. In den arabischen Ländern gingen sie jedoch einen anderen Weg als in Europa. Deshalb haben die Ziffern der heutigen Araber nur eine entfernte Ähnlichkeit mit unseren arabischen Ziffern.

0 1 2 3 4 5 6 7 8 9

٠ ١ ٢ ٣ ٤ ٥ ٦ ٧ ٨ ٩

Der Schüler hat bei seiner Rechnung die arabischen Zahlen der Araber verwendet. Mit unseren Ziffern geschrieben, bedeutet sie 91 + 65 = 156, was zweifellos richtig ist.

100. Streichholzmathematik

Ein Winkel ist das Verhältnis seiner Bogenlänge zur Länge der beiden Schenkel, zwischen denen dieser Bogen liegt. Beide Längen haben im SI-System die Einheit Meter, sodass der Winkel einheitslos ist. Da der reine Zahlenwert des Winkels zu unanschaulich ist, wird seine Größe meistens als Vielfaches von ° (Gradmaß) oder von der Kreiszahl π (Bogenmaß) angegeben. Der Umrechnung ist einfach: $° = \pi/180$ oder $\pi = 180°$. Ein rechter Winkel hat im Bogenmaß den Wert $\pi/2$ und im Gradmaß den Wert $90°$. Diese Gleichheit wird durch die Streichholzgleichung ausgedrückt.

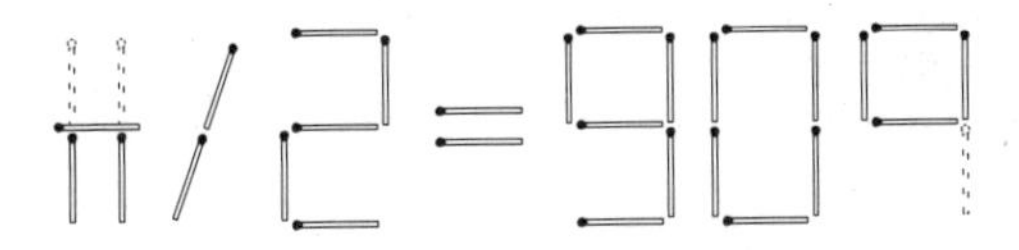

101. Pandigitale römische Daten

Die kleinste Zahl, die ein L, C, D oder M enthält, ist XL = 40. Darum können diese Zeichen in der Tages- oder Monatszahl eines Datums nicht vorkommen. Folglich müssen die Tages- und die Monatszahl entweder aus den drei Zeichen I, V und X oder aus zwei dieser drei Zeichen gebildet werden. Betrachten wir zunächst nur den ersten Fall. Dann gibt es für Tag und Monat die neun Möglichkeiten XV. I., IX. V., XI. V., IV. X., VI. X., V. IX., IV. X., VI. X. und V. XI. Mit den übrigen vier Zeichen L, C, D und M lassen sich zwei verschiedene Jahreszahlen schreiben: MCDL und MDCL. Somit gibt es insgesamt $9 \cdot 2 = 18$ Möglichkeiten für ein pandigitales Datum mit einer Jahreszahl aus vier Zeichen.

Wird das I der Jahreszahl zugeschlagen, kann man die beiden Tages-Monats-Zahlen V. X. und X. V. und die beiden Jahreszahlen MCDLI und MDCLI bilden. Dies ergibt also vier verschiedene

Daten. Nimmt man das V zur Jahreszahl, bekommt man die Tages-Monats-Zahlen I. X. und X. I. und die Jahreszahlen MCDLV und MDCLV. Auch dies führt zu vier verschiedenen Daten. Wird schließlich das X zur Jahreszahl genommen, erhält man die beiden Tages-Monats-Zahlen I. V. und V. I. und die vier Jahreszahlen MCDXL, MCDLX, MDCXL und MDCLX, woraus acht verschiedene Daten gebildet werden können.

Insgesamt gibt es also 34 pandigitale Daten mit römischen Zahlenzeichen.

Quellen

1 Arnold Buffum Chase, The Rhind Mathematical Papyrus, 2 Bände, Oberlin 1927–1929.
2 Otto Neugebauer, Mathematische Keilschrifttexte, Bd. 1, Berlin 1935, S. 239 ff.
3 Chiu Chang Suan Shu, Neun Bücher arithmetische Technik, übersetzt und erläutert von Kurt Vogel, Braunschweig 1968, S. 68–69.
4 George Rusby Kaye, The Bakhshālī Manuscript – A Study in Medieval Mathematics, Bd. I, Kalkutta 1927, S. 48.
5 Moritz Cantor, Vorlesungen über Geschichte der Mathematik, Bd. I, 3. Aufl., Leipzig 1907, S. 562.
6 E. I. Berezkina, O matematičeskom trude Sun Czy, in: Iz istorii nauki i techn. v stranach vostoka. 3, 1963, S. 5–70.
7 Shen Kangsheng, Mutual-Subtraction Algorithm and its Application in Ancient China, in: Historia Mathematica 15, 1988, S. 135–147.
8 Gustav Wertheim, Die Arithmetik und die Schrift über Polygonalzahlen des Diophantus von Alexandria, Leipzig 1890, S. 330–344.
9 Sahak Kokian, Des Anania von Schirak Arithmetische Aufgaben, in: Zeitschrift für die deutschösterreichischen Gymnasien 69, 1. u. 2. Heft, 1919, S. 112–117.
10 Julius Ruska, Kazwīnīstudien, in: Der Islam 15, 1913, S. 14–66, 236–262.
11 M. Rangācārya, The Ganita-sarā-sangraha of Mahāvirācārya, Madras 1912, S. 71.
12 Heinrich Hemme, Die Palasträtsel, Köln 2010.
13 Ahmad Salim Saidan, The Arithmetic of Al-Uqlīdīsi, Dordrecht 1978.
14 Adolf Hochheim, Al Kâfi fîl Hisâb (Genügendes über Arithmetik) des Abu Bekr Muhammed Ben Alhusein Alkarkhî, Bd. 3, Halle 1880, S. 16.
15 Ahmad Salim Saidan, Arabic Arithmetic, Amman 1971.
16 Kevin Crossley-Holland, The Exeter Riddle Book, London 1978.
17 Mohammed Amin Riyāhi, Miftāh al-mucāmalāt, Teheran 1970.
18 Moritz Steinschneider, Abraham ibn Esra. Zur Geschichte der mathematischen Wissenschaften im 12. Jh., in: Abhandlungen zur Geschichte der Mathematik 3, 1880, S. 57–128.
19 Laurence E. Sigler, Fibonacci's Liber Abaci, New York 2002, S. 397–398.
20 Abt Albert von Stade, Annales Stadenses, in: Monumenta Germaniae Historica, Scriptorum XVI, Hannover 1859, S. 332–335.
21 Kurt Vogel, Ein italienisches Rechenbuch aus dem 14. Jahrhundert, München 1977.

22 William Mac Guckin de Slane, Ibn Khallikan's Biographical Dictionary, Bd. III, Paris 1848, S. 69–71.
23 Hermann Wäschke, Das Rechenbuch des Maximus Planudes, Halle 1878, S. 55.
24 Harold James Ruthven Murray, A History of Chess, Oxford 1913, S. 280.
25 Vera Sanford, The History and Significance of Certain Standard Problems in Algebra, New York 1927, S. 58–59, 73.
26 Daniel Schwenter, Deliciæ physico-mathematicae, Nürnberg 1636, S. 149–150.
27 Johann *Hemeling*, Neugemehrtes selbstlehrende Rechne-Schul, Oder Selbstlehrendes Rechne-Buch, Frankfurt 1678, S. 1057.
28 Isaac Newton, Arithmetica Universalis, London 1707.
29 Pablo Minguet è Yról, Engaños à Ojos Vistas, y Diversion de Trabajos Mundanos, Fundada en Licitos Juegos de Manos, que contiene todas las diferencias de los Cubiletes, y otras habilidades muy curiosas, demostradas con diferentes Láminas, para que los pueda hacer facilmente qualquier entretenido, Madrid ca. 1733.
30 Anonymus (André-Joseph Panckoucke zugeschrieben), Les Amusemens Mathématiques Precedés Des Elémens d'Arithmétique, d'Algébre & de Géométrie nécessaires pour l'intelligence des Problêmes, Lille 1749, S. 264.
31 Leonhard Euler, Solutio problematis ad geometriam situs pertinentis, in: Commentarii Academia Scientiarum Petropolitanae für 1736, Bd. 8, St. Petersburg 1741, S. 128–140.
32 Peter Friedrich Catel, Mathematisches und physikalisches Kunst-Cabinet, dem Unterrichte und der Belustigung der Jugend gewidmet. Nebst einer zweckmäßigen Beschreibung der Stücke, und Anzeige der Preise, für welche sie beim Verfasser dieses Werks P. F. Catel in Berlin zu bekommen sind, Berlin 1790.
33 John Jackson, Rational Amusement for Winter Evenings; or, A Collection of above 200 Curious and Interesting Puzzles and Paradoxes relating to Arithmetic, Geometry, Geography, &c. with Solutions, and four Plates. Designed Chiefly for Young Persons, London 1821, S. 33, 99 u. Tafel IV.
34 Anonymus (George Arnold und Wiljalba Frikell zugeschrieben), The Sociable; or, One Thousand and One Home Amusements. Containing Acting Proverbs; Dramatic Charades; Acting Charades, or Drawing-room Pantomimes; Musical Burlesques; Tableaux Vivants; Parlor Games; Games of Action; Forfeits; Science in Sport, and Parlor Magic; and a Choice Collection of Curious Mental and Mechanical Puzzles; &c,&c, New York 1858, S. 291–292, 308.

35 H. M. T., in: Scientific American 16, 1. Juni 1867, S. 347.
36 D. S. H., in: Scientific American 17, 20. Juli 1867, S. 39.
37 Louis Mittenzwey, Mathematische Kurzweil, Leipzig 1880, S. 14–15, 66.
38 Anonymus, in: Daheim 21, 1884.
39 Cupidus Scientiae (Pseudonym, vermutlich Richard A Proctor), Four fours, singular numerical relation, in: Knowledge: An Illustrated Magazine of Science, Plainly Worded – Exactly Described 1, 30. Dezember 1881, S. 184.
40 Anonymus, in: Zeitschrift für mathematischen und naturwissenschaftlichen Unterricht 15, 1884, S. 197.
41 Edward Wakeling, Lewis Carroll's Games and Puzzles, New York 1992, 18–19, 67.
42 Oskar Xaver Schlömilch in: Zeitschrift für mathematischen und naturwissenschaftlichen Unterricht 20, 1889, S. 275, und Zeitschrift für mathematischen und naturwissenschaftlichen Unterricht 21, 1890, S. 30.
43 Sam Loyd, Sam Loyd's Cyclopedia of 5000 Puzzles, Tricks & Conundrums With Answers, New York 1914.
44 Sam Loyd, Sam Loyd and His Puzzles: An Autobiographical Review, New York 1928, S. 49, 103.
45 Emile Fourrey, Curiosités Géométriques, Paris 1907, S. 426.
46 Henry Ernest Dudeney, The Canterbury Puzzles, London 1907.
47 Henry Ernest Dudeney, Verbal arithmetic, in: The Strand Magazine 68, 1924, S. 97, 214.
48 F. A. Foraker, Questions for the Advanced Class in Geography, in: Education 38, November 1917, S. 157–158.
49 E. J. Moulton, A Speed Test Question: A Problem in Geography, in: American Mathematical Monthly 51, April 1944, S. 216, 220.
50 Wilhelm Ahrens, Altes und Neues aus der Unterhaltungsmathematik, Berlin 1918, S. 75–76.
51 Sophus Tromholt, Streichholzspiele, Leipzig 1889.
52 Kobon Fujimura, The Tokyo Puzzle, New York 1978, S. 10, 120.
53 Jack Botermans, Matchstick Puzzles, New York 2006, S. 34, 190.
54 Tom King, The Best 100 Puzzles Solved and Answered, London ca. 1930, S. 19, 47.
55 Morley Adams, Puzzles That Everyone Can Do, London 1931, S. 74, 158.
56 Morley Adams, The Morley Adams Puzzle Book, London 1939, S. 66, 103.
57 Hubert Phillips, The Week-End Problems Book, 1932, S. 14, 188.

58 Werner E. Buker, Robert Wood und O. B. Rose, Science Question 686, in: School Science and Mathematics 35, 1935, S. 212, 429.
59 Albert Arnold Bennett, Problem 3734, in: American Mathematical Monthly 42, April 1935, S. 256.
60 E. P. Starke und G. M. Clemence, Problem 3734, in: American Mathematical Monthly 44, 1937, S. 333–334.
61 Pigeolet, Sphinx 3, Januar 1933, S. 14.
62 Karl Duncker, Zur Psychologie des produktiven Denkens, Berlin 1935, S. 67.
63 Hugo Steinhaus, Kaleidoskop der Mathematik, Berlin 1959, S. 185–186.
64 Ulrich Graf, Kabarett der Mathematik, Dresden 1937, S. 57–58.
65 Heinrich Dörrie, Mathematische Miniaturen, Breslau 1943, S. 40.
66 Max Black, Critical Thinking, Englewood Cliffs 1946, S. 142, 394.
67 Nobuyuki Yoshigahara, Puzzles 101, Nantick 2004.
68 Leo Moser, One to a Billion, in: Scripta Mathematica 16, 1950, S. 126.
69 Leo Moser, Quicky 80, in: Mathematics Magazine 26, Januar–Februar 1953, S. 169, 170.
70 William Hooper, Rational Recreations, Bd. 4, London 1774, S. 286–287.
71 Martin Gardner, Mathematics, Magic and Mystery; New York 1956, S. 139–145.
72 H. V. Gosling, Some Number Toughies, in: Recreational Mathematics Magazine, Nr. 1, Februar 1961, S. 44, und Nr. 2, April 1961, S. 29.
73 Martin Gardner, Mathematical Games, in: Scientific American 200, Mai 1959, S. 170.
74 Martin Gardner, The Second Scientific American Book of Mathematical Puzzles and Diversions, New York 1961, S. 162–163.
75 Martin Gardner, Mathematical Games, in: Scientific American 207, Oktober 1962, S. 132, und November 1962, S. 163.
76 Franz von Krbek, Geometrische Plaudereien, Leipzig 1962, S. 19.
77 Charles W. Trigg, Problem 582, in: Mathematics Magazine 38, März–April 1965, S. 116.
78 Sidney Spital, Problem 582, in: Mathematics Magazine 38, November–Dezember 1965, S. 320.
79 Martin Gardner, Mathematic Magic Show; New York 1977, S. 72, 79–80.
80 Terrel Trotter jun., Perimeter-Magic Polygons, in: Journal of Recreational Mathematics 7, Winter 1974, S. 14–20.
81 Neil James Alexander Sloane, A Handbook of Integer Sequences, New York 1973, S. 31.

82 Darryl Francis, Going Around, in: Games and Puzzles, Heft 28, September 1974, S. 28, 40.
83 Jaime und Lea, Poniachik, Cómo Jugar y Divertirse con su Inteligencia, Buenos Aires 1978.
84 Martin Gardner, Puzzles from Other Worlds, New York 1984, S. 174.
85 Saul X. Levmore und Elizabeth Early Cook, Super Strategies for Puzzles and Games, New York 1981, S. 3–6.
86 Lloyd King, Amazing «Aha!» Puzzles, Morrisville 2004, S. 33, 137.
87 Heinrich Hemme, Kopfnuss: Der Blick auf die Würfelecke, in: magazin (Wochenendbeilage von Aachener Zeitung und Aachener Nachrichten), Nr. 8, 23. Februar 2008, S. 25.
88 Heinrich Hemme, Kopfnuss: Das Münzsprungproblem, in: magazin (Wochenendbeilage von Aachener Zeitung und Aachener Nachrichten), Nr. 9, 1. März 2008, S. 25.
89 Serhiy Grabarchuk, Peter Grabarchuk und Serhiy Grabarchuk jun., The Simple Book of Not-So-Simple Puzzles; Wellesley 2008, S. 59, 105.
90 Heinrich Hemme, Kopfnuss: Richtig oder falsch?, in: magazin (Wochenendbeilage von Aachener Zeitung und Aachener Nachrichten), Nr. 131, 7. Juni 2008, S. 2.
91 Heinrich Hemme, Kopfnuss: Die Münzen im Stern, in: magazin (Wochenendbeilage von Aachener Zeitung und Aachener Nachrichten), Nr. 137, 14. Juni 2008, S. 2.
92 Heinrich Hemme, Kopfnuss: Streichholzmathematik, in: magazin (Wochenendbeilage von Aachener Zeitung und Aachener Nachrichten), Nr. 200, 28. August 2010, S. 2.
93 Heinrich Hemme, Kopfnuss: Der erfolgreiche Bettler, in: magazin (Wochenendbeilage von Aachener Zeitung und Aachener Nachrichten), Nr. 206, 4. September 2010, S. 2.
94 Heinrich Hemme, Kopfnuss: Pandigitale römische Daten, in: magazin (Wochenendbeilage von Aachener Zeitung und Aachener Nachrichten), Nr. 30, 4. Februar 2012, S. 2.
95 Heinrich Hemme, Kopfnuss: Eine seltsame Heirat, in: magazin (Wochenendbeilage von Aachener Zeitung und Aachener Nachrichten), Nr. 36, 11. Februar 2012, S. 2.
96 Heinrich Hemme, Die Sphinx, Göttingen 1994, S. 11, 51, 114.
97 Caponnetto und Ivan Paasche, Q 173. Geordnete Ornamente, in: Praxis der Mathematik 21, 1979, S. 141, 144.